Ergün Bacak

Büyükçekmece Gölü'nün Avifaunası

Ergün Bacak

Büyükçekmece Gölü'nün Avifaunası

Türkiye Alim Kitapları

Impressum / Künye
Bibliografische Information der Deutschen Nationalbibliothek: Die Deutsche Nationalbibliothek verzeichnet diese Publikation in der Deutschen Nationalbibliografie; detaillierte bibliografische Daten sind im Internet über http://dnb.d-nb.de abrufbar.

Deutsche Nationalbibliothek tarafından yayınlanan bibliyografik bilgiler: Deutsche Nationalbibliothek, bu yayını Deutsche Nationalbibliografie'de listeler; detaylı bibliyografik bilgi İnternet'te http://dnb.d-nb.de sitesinde mevcuttur.

Coverbild / Kitap kapağı resmi: www.ingimage.com

Verlag / Yayıncı:
Türkiye Alim Kitapları
ist ein Imprint der / yayınevinin bir ticari markasıdır
OmniScriptum GmbH & Co. KG
Bahnhofstraße 28, 66111 Saarbrücken, Deutschland / Almanya
Email / E-posta: info@omniscriptum.com

Herstellung: siehe letzte Seite /
Basım yeri: son sayfaya bakın
ISBN: 978-3-639-81352-4

Zugl. / Approved by: İstanbul, İstanbul Üniversitesi, 2012

İÇİNDEKİLER

ÖNSÖZ

Dünya üzerinde pek çok canlı türü arasında kuşlar özellikle renkleri, sesleri, insana yakın yaşamaları ve neredeyse her habitatta bulunmaları nedeniyle insanlar tarafından uzun yıllar boyunca ilgiyle takip edilmiş ve üzerinde en çok çalışılmış gruplardan biri olarak karşımıza çıkmaktadır.

İnsanlar bazı türleri sesleri ve güzel renkleri için evcilleştirme yolunu tercih ederken pek çok kuş türünü avlayarak besin olarak da tüketmişlerdir. Çoğu zaman insan-kuş ilişkileri kuşların aleyhinde gelişecek yönde ilerlemiştir maalesef.

Günümüzde dünya üzerine yaklaşık 10.000 civarında kuş türü olduğu bilinmektedir. Bu türlere her yıl yapılan bilimsel çalışma ve araştırmalar ile keşfedilen yeni türler eklenmekle birlikte maalesef ki bilinen pek çok tür de bir çok nedenle yok olmanın eşiğine gelmiştir.

Batı Palearktik Bölge'de bulunan Türkiye; Afrika, Asya ve Avrupa Kıtaları arasında köprü görevinin üstlenmesi jeopolitik önemini yanısıra ekolojik açıdan da değer kazanmasında etkili olmuştur. Akdeniz, İran-Turan ve Avrupa-Sibirya flora bölgelerininde ülkemiz üzerinde kesişmesi, farklı habitatların oluşmasına imkan sağlamış, dolayısıyla kuş türü bakımından zengin bir ülke olmamızda etkili olmuştur.

Ülkemizde son zamanlarda yapılan çalışmalar ile birlikte 483 farklı kuş türünün kaydı olduğu bilinmektedir.

İstanbul tarihin, kültürün ve sanatın kenti olmanın yanısıra biyolojik çeşitlilik açısından her zaman çok önemli bir konumda olmuştur. İçerdiği farklı habitatların yanı sıra Avrupa ve Asya Kıtaları arasında geçiş olması da kuş çeşitliliğinin oldukça fazla olmasında etkilidir.

Fakat bu kadar önemli bir konumda olması İstanbul'un insanlar tarafından da rağbet edilen bir şehir olmasında etkili olmuştur. İnsan nüfusunun artmasıyla birlikte şehirleşme de artmış ve doğal alanların büyük bir kısmı ya yok olmuş ya da tehdit altına girmiştir. İşte bu tehdit altına giren alanların en önemlilerinden birisi de sulak alanlar ve su havzalarıdır.

Biyolojik çeşitliliğin en yüksek seviyede görüldüğü sulak alanlar canlı çeşitliliğinin korunabilmesi için muhakkak korunması gereken alanlardır. Bir alanı koruyabilmek için de o alanı çok iyi tanımak ve neden önemli olduğunu belirlemek gerekir.

"İstanbul Büyükçekmece Gölü Avifaunası Üzerine Araştırmalar" konulu bu çalışmada İstanbul'un en önemli sulak alanlarından birisi olan "Büyükçekmece Gölü" ile ilgili araştrmalar yapılmış. Kuş çeşitliliği ve popülasyonları verilerek bu alanın neden bu kadar önemli olduğu vurgulanmaya çalışılmıştır.

TEŞEKKÜRLER

Şüphesiz ki bu çalışma sadece yazar ve araştırmacı olarak benim tarafımdan bu hale gelmedi. Bir sene boyunca arazi çalışmalarında ve bu eserin oluşmasında katkısı olan pek çok kişinin emeği ile sizlerin karşısına çıktı.

Öncelikle hiçbir karşılık beklemeden beni yetiştiren ve fikirlerimi, ideallerimi gerçekleştirebilmem için her zaman beni destekleyen anne Hatice BACAK'a ve babam Mustafa BACAK'a,

Kuş gözlemciliğinin ve ornitolojik çalışmaların temellerini çocuk yaşlarda atmama vesile olan, anlattığı kuş öyküleri ile çok küçük yaşlarda gelecekteki mesleğimi seçmeme neden olan dedem Hüseyin ÇETİN'i burada anmasam bir şeyler eksik kalırdı. Allah mekanını cennet etsin dedem.

Özellikle arazi çalışmaların bir kısmına birlikte çıktığım ve yardım gördüğüm danışman hocam Sayın Doç. Dr. Zeynel ARSLANGÜNDOĞDU'ya, aynı Anabilim Dalı'nda görev yapan ve bu eserin yazım aşamasında çok emeği geçen Hocam Sayın Prof. Dr. Erdal SELMİ'ye en derin teşekkürlerimi sunarım.

Bu eserin yazılmasını teşvik eden ve eserin yazımında, grafik çiziminde emeklerini esirgemeyen, aynı zamanda çocukluk yıllarımda her zaman kuş çalışmalarında yanımda olan ağabeyim Engin BACAK'a, arazi çalışmalarında ve eserin yazım aşamasında her zaman yanımda olan Dilek ŞAHİN'e, fotoğraflarını hiçbir karşılık beklemeden benimle paylaşan Ömer NECİPOĞLU ve Serhat TİGREL'e, bilimsel ve teknik konularda bilgilerini daima paylaşan Kerem Ali BOYLA'ya, arazi çalışmalarında beni yalnız bırakmayan başta Hürmüz YENİCELİ, Sercan BİLGİN, Fikret CAN, Canan ATAY olmak üzere tüm kuş gözlemcileri ve doğaseverlere, literatür araştırmasında katkı sağlayan Şebnem SAMSA'ya ve Kiraz ERCİYAS YAVUZ'a teşekkür ederim.

Nisan, 2016 **Ergün BACAK**

1. GİRİŞ

Biyolojik çeşitlilik dünya üzerinde yaşayan canlıların ve yaşam şekillerinin çeşitliliği anlamına gelir ve belirli bir alan, çevre, ekosistem ya da tüm dünya üzerindeki canlıların genetik, taksonomik ve ekosistem çeşitliliği olarak tanımlanır (Kocataş, 2004).

Neredeyse Avrupa'nın toplamından daha yüksek tür çeşitliliğine ve endemizme sahip olan ülkemiz, farklı zoocoğrafik ve fitocoğrafik bölgelerin kesişim noktasında bulunmaktadır. Zengin bir yaşam alanı çeşitliliğine sahip olan ülkemiz, bulunduğu konum, yer şekilleri ve iklimdeki değişkenlik nedeniyle çok sayıda canlıya ev sahipliği yapmaktadır. Türkiye'nin üç kıta arasındaki coğrafi konumu, yeryüzü şekillerindeki çeşitlilik, iklimsel değişkenlik, çok farklı ana kaya türünün bir arada bulunması ve 120 bin ile 10 bin yıl öncesi arasında yaşanmış buzul dönemleri, bu topraklar üzerindeki canlı çeşitliliğine neden olan temel biyocoğrafik etkenlerdir (Kılıç ve Eken, 2004).

Omurgalı hayvanların bir sınıfını oluşturan kuşlar (Aves), yeryüzünde yaklaşık 150 milyon yıl kadar önce ortaya çıkmışlardır. Kuşlar uçma özellikleri nedeniyle diğer hayvanların yaşayamadıkları bölgelere bile kolaylıkla uyum sağlarlar (Kasparek ve Bilgin, 1996).

Kuş türleri yaban hayatı için çoğu zaman iyi bir indikatör olarak kabul edilir (Furness ve Greenwood, 1993). Kuşları bir alan için gösterge tür olarak kullanmanın bazı avantajları vardır; tespit edilmesi, tanımlanması ve sayılması kolaydır, taksonomileri iyi bilinen bir gruptur ve davranışlarına ve populasyon biyolojilerine dair bilgimiz çok fazladır (Bibby ve ark., 2000). Kuşlar besin zincirinin en üst kısmında veya en üst kısmına yakın bulunur ve bu nedenle besin zincirindeki değişikliklere karşı duyarlıdır. Bir alanda var olan kuş populasyonlarının yıllara göre değişimini izlediğimizde alanın sağlığı hakkında da bilgi edinmiş oluruz.

Batı Palearktik'te ornitolojik açıdan en büyüleyici ülkelerden biri olan Türkiye, sadece Avrupa ve Asya arasında bir köprü vazifesi görmekle kalmaz, aynı zamanda birçok biyom çeşidinin kesişme noktasıdır. Orta Doğu'nun geniş yarı çölleri kuzeydeki sınırlarına Türkiye'nin güneydoğusunda ulaşırken, Avrupa faunasını destekleyen ve ülkenin kuzeyinde baskın olan Karadeniz dağları Dağ Horozu, Yeşil Çıvgın , Urkeklik ve Anadolu Sıvacısı gibi endemik türleri barındırır. İç Anadolu'da büyük tuz gölleri Flamingo, Pelikan, Küçük Karabatak kolonilerini barındırırken, etrafındaki yarı step alanlar Çayır Delicesi, Toy ve Toygar populasyonlarını destekler (Kirwan ve ark., 2008).

Bütün bu habitat zenginliği ve tür çeşitliliği arasında İstanbul yapılaşmanın ve insan baskısının bu kadar yoğun görüldüğü diğer şehirlere kıyasla önemli miktarda kuş tür ve populasyon zenginliği barındırmaktadır (Boyla ve Arslan, 2009).

Türkiye avifaunası hakkında; Turan (1990) 421, Kasparek ve Bilgin (1996) 450, Öymen (2010) ise 453 kuş türünün bulunduğunu bildirmişlerdir. Buna karşılık, Baran ve Yılmaz (1984) düzenli görülen tür sayısının sadece 376, Barış (1989) ise 371 olduğunu bildirmiştir. Kirwan ve ark. (1998)

Türkiye'de 453 kuş türünün bulunduğunu, bu türlere 12 türün daha ilave edilerek, sayının 465'e kadar yükselebileceğini belirtmişlerdir. Yine Barış (2000)'a göre, Türkiye'de toplam 67 familyadan 453 kus türünün bulunduğu kabul edilmekte, bunların 394'ü düzenli olarak görülmekte ve 304 tür üremektedir (Sevim, 2007).

Kasparek ve Bilgin (1996)'e göre bütün Türkiye 450 tür kuş barındırırken bu türlerden 313 tanesi İstanbul'da gözlenmektedir (Boyla ve Arslan, 2009). Kuş göç yolları üzerinde bulunan bu şehrin sahip olduğu tür çeşitliliğinde, göçmen bireylere dinlenme, beslenme ve barınma alanı sağlayan, diğer türlere de üreme ve kışlama habitatı sunan sulak alanların etkisi çok büyüktür.

Kuş sayımları, kuşların iyi bilinmesi nedeniyle kolayca tanınabildiklerinden ve birçok taksonomik gruba nazaran kolaylıkla tespit edilebildiklerinden dolayı diğer omurgalı sınıflarına göre göreceli olarak daha kolaydır (Bibby ve ark., 2000). Bu nedenle biyolojik çeşitlilik değerlendirilmesinin yanı sıra yasam alanlarının durumunun tespiti ile ilgili çalışmalarda kuş gözlemciliği ile elde edilen bulgulardan faydalanılmaktadır.

1994-2004 yılları arasında Türkiye'deki kuş populasyonlarının %53.6'sı azalmıştır (Anonim, 2004). Ülkede kuşlara yönelik en büyük tehdit, özellikle 1950'den beri 1.3 milyon hektarlık sulak alanın kurutulması sonucunda ortaya çıkan habitat kaybıdır (Nivet ve Frazier, 2004). Sulak alanlar gibi önemli miktarda tür zenginliği barındıran alanlarda envanter çalışması gelecek çalışmalara kaynak oluşturduğundan ve alanda uygulanacak yönetim planına zemin hazırladığından önemlidir. Bu tür çalışmalar ileride yapılacak alan izleme çalışmalarına, özel tür çalışmalarına temel bir veri sunmaktadır. Büyükçekmece Gölü'nde daha önce yapılmış sistematik bir ornithofauna çalışması bulunmamaktadır.

Bu çalışmada Büyükçekmece Gölü'nde bulunan kuş türleri, yapılan bir yıllık gözlem çalışmaları yoluyla tespit edilmiş olup alandaki bulunma durumları ortaya konularak alanın avifaunistik özellikleri değerlendirilmiştir. Bu çalışma Büyükçekmece Gölü'nün ornitolojik önemini ortaya koymak ve alandaki biyoçeşitliliğin saptanmasına katkı sağlanarak gelecekte alan ile ilgili yapılacak diğer çalışmalara zemin oluşturması amaçlanarak yapılmıştır.

2. GENEL KISIMLAR

2.1. KAYNAK ARAŞTIRMASI

Türkiye'de Ornitolojik anlamda ilk çalışmalar 16. yüzyıla dayanmaktadır. Anadolu'nun kuşlarına dair ilk yayın 1555 yılında Pierre Belon tarafından 'L' historie de la nature des Oyseaux' adlı kitapta toplanmıştır. Wadley, Türkiye'de 2. Dünya Savaşı süresinde yaklaşık 205 tür kayıt etmiş ve kayıtlarını "Notes on the birds of Central Anatolia" başlığıyla yayımlamıştır (Kirwan ve ark., 2008).

Danford (1880), "Anadolu Kuşlarında Önemli Gelişmeler" adlı çalışmasında Türkiye'de görülen kusların genel özelliklerini ve tür listesini çıkarmıştır.

Ergene (1945)'nin "Türkiye Kuşları" adlı eseri ilk Türkçe eser olması açısından yıllarca ornitologlara hizmet vermiştir. Eserde yurdumuzdaki kus türlerinin; yayılış, beslenme, üreme ve diğer özellikleri üzerinde durulmuştur.

Kosswig (1950), Manyas Gölünde yapmış olduğu araştırmasında; türlerin genel özellikleri ve listesini vermiştir. Kosswig'in çalışmaları sonucunda Manyas Gölü 1958 yılında Kuş Cenneti statüsüyle koruma altına alınmıştır (Kirwan ve ark., 2008).

Kumerloeve (1971) "Büyükçekmece, su ve bataklık kuşları için önemli bir kuluçka ve beslenme ortamı" adlı makalesinde mayıs ve temmuzda yaptığı günübirlik gözlemlerden bahsetmektedir. Yaptığı bu çalışma araştırma alanını kapsayacak yaygınlıkta ve sıklıkta değildir.

Ayvaz (1984), Sultan Sazlığı'nda 1980 – 1982 yıllarında yapmış olduğu çalışmada 18 familyadan 53 tür tespit etmiştir. Araştırıcı, tespit ettiği türleri; %28'i yerli, %4'ü gezici, %17'si kış göçmeni ve %51'i yaz göçmeni olarak sınıflandırmıştır.

Ertan ve ark. (1989), Dünya Kuşları Koruma Kurumu tarafından başlatılan "Önemli Kuş Alanları" nı belirleme projesi kapsamında, Türkiye'deki ÖKA olarak belirledikleri 78 karasal ve sulak alanın; statülerini, coğrafik ve ekolojik durumlarını, alanlarda saptadıkları kuş türlerini ve sayılarını sıralayarak, "Türkiye'nin Önemli Kuş Alanları" envanterini hazırlamışlardır.

Yarar (1991), Burdur Gölü'nde kışlayan Dikkuyruk (*Oxyura leucocephala*) bakımından önemine değinmiştir, Green (1993), Burdur Gölü'nde yaptıkları araştırmalarında; Dikkuyruk'un ekolojisi ve popülasyon dağılımını ele almışlardır. Ayrıca gölün genel özelliklerini de ele almışlardır. Kiziroğlu ve ark. (1995), 51 kuş türü tespit etmiş ve gölün entegre koruma ve kullanımına yönelik planlama ve tedbirlere dikkat çekilmiştir. Tabur ve Ayvaz (1997), gölde 6 takım ve 10 familyaya ait 41 kuş türü tespit ederek türlerin biyoekolojileri hakkında bilgi vermiş ve gölün daha önceki verileri ile kıyaslama yapmıştır.

Turan ve ark. (1995), Kayseri Sultan Sazlığı'nda 217 kuş türü tespit etmişler, alanın yönetim planı ve kuş verileri değişiklikleri üzerinde çalışmışlardır.

Yarar ve Magnin (1997), yurdumuzdaki önemli kuş alanlarını ele almaktadır. Eserde 97 alanın; genel özellikleri, ornitolojik önemi, kuş türlerinin ve sulak alanların korunmasına yönelik tedbirler ele alınmaktadır.

Sıkı (2002), Gediz Deltası (İzmir Kuş Cenneti) kuşlarını incelemiş; 64'ü yerli, 54'ü yaz göçmeni ve 30'u transit göçer olmak üzere 211 tür belirlemiştir.

Kaya ve ark. (2003), Gala Gölü ve çevresinde (Edirne) yaptıkları araştırmalarında 134 kuş türünün varlığını saptamışlardır.

Arslangündoğdu (2005), İstanbul-Belgrad Ormanı'nda yaptığı araştırmada 146 kuş türü tespit etmiştir.

Yaman, (2008), Kocaçay Deltası kuşlarını ve alanı etkileyen çevresel faktörlerini incelemiş; 15 takım, 44 familyaya dahil 114 kuş türü belirlemiştir.

2.2. SULAK ALAN ÖZELLİKLERİ

Ramsar Sözleşmesi'ndeki tanımına göre sulak alanlar; doğal veya yapay, sürekli veya mevsimsel, suları durgun veya akıntılı, tatlı, acı veya tuzlu tüm su kütleleri sulak alan olarak tanımlanmaktadır. Bataklıklar, sazlıklar, turbalıklar, sulak çayırlar ile denizlerin altı metre derinliğe kadar olan kesimleri de sulak alan kapsamı içerisinde yer almaktadır.

Sulak alanlar, sığ sulara ve genelde dinamik su rejimlerine adapte olmuş zengin bitki ve hayvan çeşitliliği barındıran eşsiz biyotik komünitelerdir. Barındırdıkları biyoçeşitlilik ile üretkenliğin en yüksek olduğu alanlardan biridir (Anonim 1991). Özellikle kuşlar açısından bakıldığında sulak alanlar çok verimli bir yaşam ve üreme ortamıdır. Yıl boyu beslenmek ve üremek amaçlı kullanımın dışında göçmen kuşların göç esnasında durakladıkları ve barındıkları yer olarak da çok büyük öneme sahiptir (Eken ve ark., 2006).

Sulak alanlar doğrudan kullanım ile tuz üretimi, su ürünleri, saz, kereste, otlatma, içme, kullanma ve sulama suyu, ulaşım, turizm olanakları gibi değerlere sahipken, dolaylı kullanım yolu ile yer altı sularını besleyerek ve boşalımını sağlayarak su rejimini düzenleme, fırtına ve sellerin etkisini azaltma, bulunduğu bölgenin iklim koşullarını düzenleme, tortu ve zehirli maddeleri uzaklaştırarak suyun kalitesini iyileştirme, sediment ve besin depolama, biyolojik çeşitliliği barındırma gibi işlevleri olan doğal yapılardır. Ayrıca, birçok sulak alan yaban hayatı, güzel manzarası ve peyzaj değerleriyle estetik esinlerin kaynağını oluştururlar (Anonim, 2007).

Bilindiği üzere özellikle son yıllarda uluslar arası yapılan anlaşmalarla sulak alanlar koruma altına alınmaya başlanmıştır. Bunlardan en önemlisi 1971 yılında İran'ın Ramsar kentinde imzaya açılan ve Özellikle Su Kuşları Yaşama Ortamı Olarak Uluslararası Öneme Sahip Sulak Alanların Korunması Sözleşmesi'dir. Ramsar Sözleşmesi, sadece sulak alanların korunmasını öngören bir sözleşme olmasının yansıra, doğa koruma alanında da imzaya açılmış ilk sözleşmedir. Bu nedenle sözleşmenin dünya doğa koruma hareketi içerisinde de önemli ve ayrıcalıklı bir yeri vardır. Ocak 2004 itibariyle Sözleşmeye 138 ülke taraf olmuştur. Türkiye ise sözleşmeye 1994 yılında taraf olmuştur ve hemen ardından ülke çapında 13 tane sulak alanı Ramsar Alanı olarak ilan ederek koruma altına almıştır.

Sulak alanların sınıflandırılmasında kullanılan Ramsar kriterleri;

1) Bir sulak alan eşine az rastlanır veya sıra dışı bir biyocoğrafik bölgedeki sulak alanlara dair özgül bir örnek oluşturuyorsa (Nadirlik, tipiklik)

2) Bir sulak alan kayda değer miktarda nadir, tehlikeye düşebilir veya tehlike altındaki bitki ve hayvan türleri veya alt türlerini destekliyorsa veya bu türlerin bir veya daha fazla bireylerini (kayda değer sayıda) içeriyorsa,

3a) Bir sulak alan flora ve faunanın özellikleri ile kalitesinden dolayı bir bölgenin ekolojik ve genetik çeşitliliğini sürdürebilmek için özel bir değere sahipse,

3b) Bir sulak alan, endemik bitki veya hayvan türleri veya toplulukları açısından özel bir değere sahipse,

3c) Bir sulak alanın değerlerini, verimliliğini veya çeşitliliğini gösterecek özellikteki su kuşu gruplarından önemli sayıda su kuşunu düzenli olarak destekliyorsa, uluslararası öneme sahip sulak alan olarak nitelendirilebilir.

4) Bir sulak alan, bitki veya hayvanların biyolojik döngülerinin kritik safhalarında bu bitki ve hayvan türlerine habitat olması açısından özel bir öneme sahipse, uluslararası öneme sahip sulak alan olarak nitelendirilebilir.

5) 20 000 su kuşunu düzenli olarak destekliyorsa uluslararası öneme sahip sulak alan olarak nitelendirilebilir.

6) Populasyonlar hakkında veri edinmenin mümkün olduğu yerde bir sulak alan, su kuşlarının bir tür ya da alttürlerinin populasyonundaki bireylerin %1'ini düzenli olarak destekliyorsa uluslararası öneme sahip sulak alan olarak nitelendirilebilir.

7) Önemli bir oranda doğal balık alttürlerini veya familyalarını, yaşam evrelerini, sulak alanın yararları ve/veya değeri, dolayısıyla küresel biyolojik çeşitliliğine işaret eden türler arası ilişkileri ve/veya populasyonları barındırıyorsa uluslararası öneme sahip sulak alan olarak nitelendirilebilir.

8) Sulak alanınn içinde veya buna bağlı başka bir yerde, balıklar için önemli bir besin kaynağına sahipse, yumurtlama ortamı ise veya yavru balıkların beslenme ve barınma ortamı ve/veya balıkların göç yolu üzerinde bulunuyorsa uluslararası öneme sahip sulak alan olarak nitelendirilebilir.

2.3. ÖNEMLİ KUŞ ALANLARI

Önemli kuş alanları, doğada kuşların nesillerini sürdürebilmesi için özel önem taşıyan ve korunması gereken coğrafyaları temsil eder. Bu alanlar Conservation International, Birdlife International ve Panlife'ın önderliğinde 15 uzman tarafından geliştirilen bilimsel kriterlere göre uluslararası öneme sahip olduğu kanıtlanmış alanlardır (Eken ve ark., 2004).

Önemli kuş alanları korunmaya ihtiyacı olan kuş türlerinin dağılım ve nüfuslarını esas alan standart, küresel ölçekte uygulanabilir ve eşik değerine bağlı somut kriterler vasıtası ile seçilir. Başlıca 4 ayrı kriter kullanılır;

1- Tehlike altındaki türler,
2- Dar yayılışlı türler,
3- Yaşam döngüsünün belli bir döneminde belli bir alanda yoğunlaşan türler,
4- Biyoma özgü türler.

Önemli Kuş Alanları alan korumada temel bir birim olduklarından belirlenmeleri ve alana yapılacak müdahalelerde göz önünde bulundurulmaları çok önemlidir. Türkiye'de 97 tane ÖKA bulunmaktadır (Kılıç ve Eken, 2004).

Kuş araştırmaları ve gözlemleri genel olarak sulak alanlar etrafında yoğunlaşmaktadır. Büyük bir kısmı aynı zamanda Önemli Kuş Alanı (ÖKA) olan sulak alanlar içlerinde pek çok yaşam formunu barındıran zengin habitatlardır. Önceki yıllarda ülkemizde sulak alanların önemi anlaşılamamış ve pek çok sulak alan hastalıklara sebep olduğu gerekçesi ile kurutulmuştur (Anonim 2007). Yapılan kurutma çalışmaları sonucunda özellikle kuş göçlerinin anayolları üzerindeki pek çok alan yok olmuş, bu da başta kuş göçü olmak üzere doğal yaşamı derinden etkilemiştir. Sonraki yıllarda sulak alanların önemi anlaşılmış ve koruma çalışmaları başlatılmışsa da özellikle Sultan Sazlığı, Eşmekaya Sazlığı gibi İç Anadolu Bölgesi'ndeki pek çok sulak alan yok olma tehlikesiyle karşı karşıya kalmıştır (Anonim 2007).

3. MALZEME VE YÖNTEM

Arazi çalışmaları Eylül 2009 – Ağustos 2010 tarihleri arasında Büyükçekmece Gölü'nde yapılmıştır. Gölün tamamımın sayılmasına elverişli olacak şekilde gözlem noktaları seçilerek alan düzenli olarak ziyaret edilmiştir. Bu ziyaretlerde kuş türleri tespit edilerek sayılmıştır.

3.1. ARAŞTIRMA ALANININ TANITIMI

Çalışma alanının tanımı; mevki, iklim, bitki örtüsü ve alan kullanım özellikleri alt başlıkları halinde ortaya konulmuştur.

3.1.1. Mevki

Büyükçekmece Gölü (41° 04' N - 28 °34' E) koordinatlarında, 2850 hektar yüzölçümüne sahip, denizden yüksekliği 6 m olan bir sulak alandır. Çatalca'nın güneyinde, Küçükçekmece Gölü'nün 12 km batısında Büyükçekmece, Çatalca ve Arnavutköy ilçeleri sınırları içerisinde yer almaktadır. Genel olarak çevresi tarım alanları ve kırsal yerleşimler ile çevriliyken, gölün güneyinde yoğun yerleşim alanları bulunmaktadır. Büyükçekmece Gölü'nün güneyinden D-100 karayolu, kuzeyinden E-80 Avrupa Otoyolu, batısından ise D-369 karayolu geçmektedir.

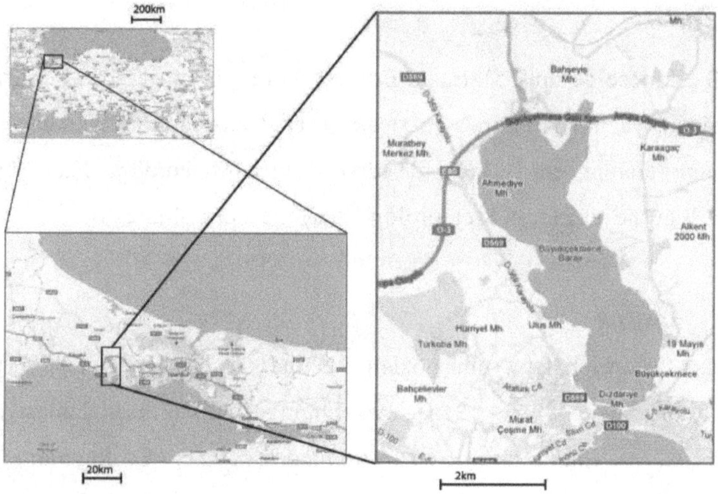

Şekil 3.1: Büyükçekmece Gölü'nün konumu

Büyükçekmece Gölü, Karasu Çayı'nın Marmara Denizi'ne döküldüğü yerde oluşmuştur. Marmara Denizi kıyısındaki eski koyların önü kıyı kordonu tarafından kapatılıp kıyı seti gölüne (lagün) dönüşmüştür. İstanbul'un Avrupa yakasındaki ikinci büyük gölüdür. Derinliği az olan gölün denizle bağlantısı 1985 yılında içme ve kullanma suyu temini amacıyla bir sahil kordonu ile kesilerek Marmara Denizi'nden ayrılmıştır. İSKİ Genel Müdürlüğü (1992), gölün önüne 1,2 m yüksekliğinde bir baraj seddesi yaparak gölün derinleşmesini ve genişlemesini sağlamıştır. Gölün en derin noktası 7,15 m'dir. Göl alanı 2850 hektar olup, su toplama havzası 622 km^2'dir. Baraj ile deniz arasında hafif tuzlu bir göl, adacıklar ve sazlıklar bulunur. Denizle irtibatı kesilen ve tatlı su özelliği kazanan göl suları, İstanbul'un bazı bölgelerinin içme ve kullanma suyu gereksinimini karşılamaktadır (Koşal, 2006).

3.1.2. İklim

Büyükçekmece'de tipik Marmara Bölgesi iklimi görülmektedir. Kışları ılık ve yağışlı, yazları ise kurak ve sıcak geçer. Çalışmada kullanılan veriler inceleme alanını en iyi temsil eden Devlet Meteoroloji İşleri Genel Müdürlüğü'ne ait Florya Meteoroloji İstasyonu'ndan alınmıştır.

3.1.2.1. Sıcaklık

Florya Meteoroloji İstasyonu gözlem kayıtlarına göre 1975 – 2009 yılları arası ortalama sıcaklık 14,13 °C, maksimum sıcaklıkların ortalaması yıllık 18,13 °C, minimum sıcaklıkların ortalaması 10,86 °C; kayıtlara göre maksimum sıcaklık 28,3 °C ile temmuz – ağustos aylarında, minimum sıcaklık 2,9 °C ile şubat ayında ölçülmüştür. Aylık ortalama sıcaklığın en düşük olduğu ay 5,4 °C ile şubat ayı, aylık ortalama sıcaklığın en yüksek olduğu ay ise 23,7 °C ile temmuz ayıdır. Mevsimsel olarak ortalama sıcaklık değerlerine bakıldığında; ortalama 6,3 °C ile kış en soğuk mevsim iken, ortalama 22,8 °C ile yaz en sıcak mevsimdir. Sonbahar mevsimi ortalama 15,7 °C ile, ortalama sıcaklığı 11,8 °C olan ilkbahar mevsimine göre daha ılık geçmektedir.

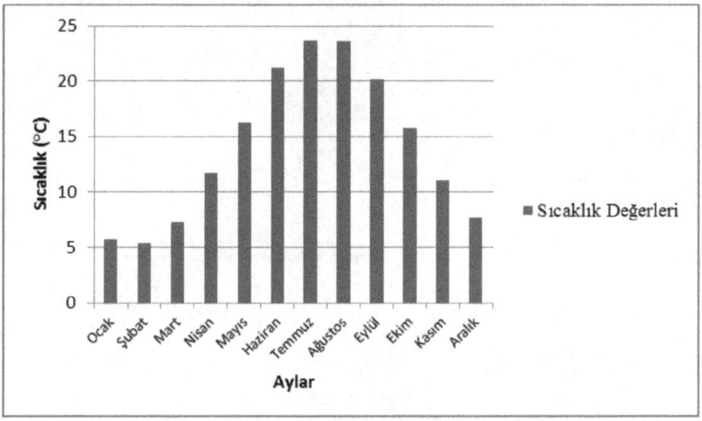

Şekil 3.2: Aylara Göre Sıcaklık Değişimleri

3.1.2.2. Yağış

Florya Meteoroloji İstasyonu gözlem kayıtlarına göre 1975 – 2009 yılları arasında ortalama yağış miktarı 53,54 mm'dir. Yağışın en yoğun olduğu ay aralık (97,5 mm), en az yağış alan ay temmuz (23mm)'dur. Yıllık yağış miktarının mevsimlere göre dağılımına bakıldığında en yağışlı mevsim 242,91 mm ile kış, en kurak mevsim 75,18 mm ile yazdır. İlkbaharda 133,89 mm yağış düşerken, sonbaharda 190,5 mm yağış düşmektedir.

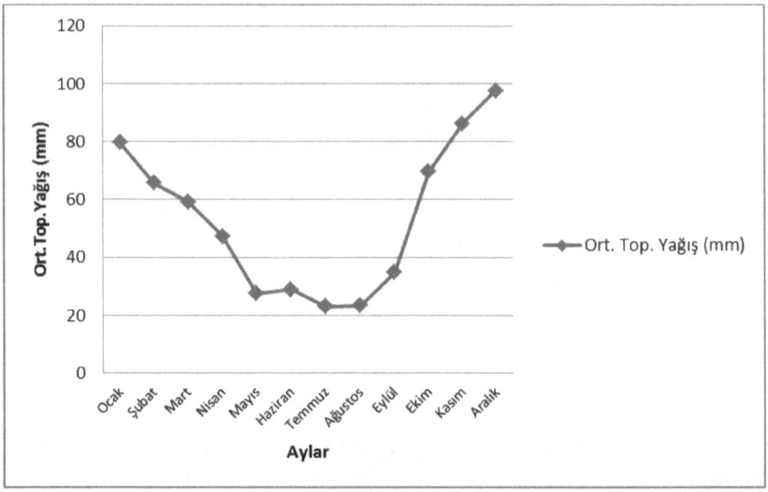

Şekil 3.3: Aylara göre toplam yağış miktarının grafiği

3.1.2.3. Nemlilik

Yıllık ortalama bağıl nem % 72,9, en yüksek aylık ortalama bağıl nem % 76,8 ile ocak ayında, en düşük bağıl nem % 13 ile mart ayındadır. Mevsimlere göre nemlilik değerlendirildiğinde mevsimsel ortalama bağıl nem en yüksek % 76,1 ile kış mevsiminde, en düşük ise % 68,52 ile yaz mevsimindedir. Sonbahar % 73,56 ortalama bağıl nem miktarı ile ilkbahara (% 72,96) göre daha nemlidir.

3.1.3. Jeolojik Yapı

Büyükçekmece Gölü çevresinde senezoyik yaşlı kaya birimleri yer almaktadır. Büyükçekmece kuzeyinde üst eosen yaşlı; çakıltaşı, kumtaşı ve killi – kumlu kireçtaşı ardalanması ile kumtaşı ve marnlardan oluşan resif gerisi çökelleri ile İslambeyli formasyonu (Tei) yer alır. Büyükçekmece Gölü batısında üst eosen yaşlı; kumtaşı ve kiltaşı ara seviyeli, bol makro ve mikro fosilli kireçtaşlarından oluşan Kırklareli formasyonu (Tek) bulunur.

Üst eosen alt oligosen yaşlı, yer yer tüf ara seviyeli, killi kireçtaşı, kil taşı, kumtaşı ve marn ardalanmasından oluşan İhsaniye formasyonu (Teoi), Büyükçekmece Gölü'nün kuzeyinden Küçükçekmece Gölü'ne kadar olan geniş bir alanda yüzeylemeler sunar. Oligosen yaşlı birimlerden kumtaşı, çakıltaşı, oolitli ve konjeriyalı kireçtaşı ile killi kireçtaşı ardalanmasından oluşan yer yer tamamen mangalı çakıltaşı ve kumtaşıyla temsil edilen Pınarhisar formasyonu (Top) ile kiltaşı, siltaşı ardalanmalı, kumtaşı ve killerden oluşan yer yer balık fosili ile kömür bantlı kırıntılılarla temsil edilen Süloğlu formasyonu (Tos) Büyükçekmece Gölü'nün kuzeybatısında yüzeylenir. Oligosen yaşlı ekonomik kömür seviyeleri içeren ve üst düzeyleri konjeryalı kireçtaşı ara tabakalı kiltaşı, miltaşı, kumtaşı ardalanmasından oluşan Danişmen formasyonu (Tod) Büyükçekmece Gölü'nün güneybatısında yer almaktadır (Tekin, 2010).

3.1.4. Hidroloji ve Jeohidroloji

Büyükçekmece Gölü, Karasu, İnceğiz, Sarısu ve Çakıl derelerinden beslenir. Karasu; Büyükçekmece Gölü'ne dökülen, suyu bol ve uzunluğu 70 km olan bir deredir. Sarısu'nun uzunluğu 25 km'dir. İnceğiz de debisi çok olan bir deredir, Çakıl deresi ise küçük bir deredir. Göldeki su kalitesi, su toplama havzası içindeki fabrikaların atıkları ile barajın hemen yer alan tarım arazilerinden ve taş ocaklarından gelen atık sulardan etkilenmektedir. Büyükçekmece Gölü ağırlıklı olarak kış mevsimindeki (aralık – şubat) yağışlardan gelen sularla beslenmektedir. Yıllık toplam su girişinin %65.1'i bu mevsimde gerçekleşirken, geriye kalan %35'i sırasıyla ilkbahar (%24,9), sonbahar (% 7,8) ve yaz (%2,2) aylarında gözlenmektedir.

3.1.5. Bitki Örtüsü

Çalışma alanımızda bulunan flora türleri tarafımızca tespit edilmiş, tür isimlerinin güncel halleri Anonim (2012a)'den faydalanılarak sunulmuştur.

Büyükçekmece Gölü'nün günümüzdeki vejetasyonu incelendiğinde çok yıllık bitkilerin pek fazla yer kaplamadığı görülmektedir. Açılan tarım alanlarının ve kentsel yerleşimlerin doğal vejetasyona zarar verdiği, ancak eser miktarda çok yıllık odunsu bitkinin alanda bulunduğu görülmektedir. Doğal olarak alanda bulunan ağaçlardan, *Salix alba* L. 'yı göl çevresinde, kanal boylarında görmek mümkündür. Bunun yanısıra *Ulmus minor* Mill., *Populus nigra* L., *Fraxinus* sp. türleri alanda doğal olarak kaldığı düşünülen ağaçlardır. Tarım arazilerinin arasında özellikle *Rosa canina* L., *Rubus discolor* Weich and Nees, *Prunus spinosa* L., *Tamarix* sp. çalılıkların lokal olarak bulunduğu görülmüştür.

Gölün sulak alan vejetasyonlarından en önemlisi bataklıklar ve boylu sazlıkların oluşturduğu vejetasyon örtüsüdür. Gölde sazlık alanlar lokal ve nispeten küçük halde bulunmaktadır. Bu sazlıkları oluşturan bitkilerin *Typha latifolia* L., *Phragmites australis* (Cav.) Trin. Ex Steud. ve yer yer *Juncus* sp. olduğu görülmektedir. Bunun yanısıra özellikle lagün özelliğini kaybetmemiş gölün güney kısımlarında *Salicornia* sp. populasyonlarına rastlanmaktadır. Kışın su basan tarlalarda ise ilkbaharda suyun kalkmasıyla beraber *Ranunculus* sp. yoğun miktarda görülmektedir.

Gölün içinde bulunan sucul bitkiler: *Myrophilum* sp., *Potamageton* sp., *Nuphar* sp., *Ceratophyllum* sp.'dir (Koşal, 2006)

Alandaki kültür vejetasyonlarında *Robinia pseudacacia* L. önemli yer tutarken, gölün batısında yapılan plantasyon çalışmalarında *Pinus pinea* L. kullanıldığı görülmektedir.

Alanda görülen diğer bitkiler arasında çok yıllık *Cistus salvifolius* L. ve *Spartium junceum* L. 'un yanı sıra tek yıllık otsu bitkilerden *Sinapis arvensis* L., *Urtica dioica* L., *Lamium purpureum* L., *Thymus* sp., *Rumex acetosella* L., *Rumex obtusifolius* L., *Papaver* sp. türlerine de rastlamak mümkündür.

3.1.6. Diğer Fauna

Araştırma alanımızda bulunan diğer fauna türleri de bu çalışmada verilmiştir. Balıkların listesi Özuluğ (1999)'un çalışmasından alınmış, amfibi, sürüngen ve memeli türleri ise tarafımızca tespit edilmiştir. Tür isimlerinin güncellenmesinde, balıklar için Anonim (2012b), amfibiler için Anonim (2012c), sürüngenler için Anonim (2012d) ve memeliler için ise Anonim (2012e) listeleri kullanılmıştır.

Özuluğ (1999)'un çalışmasında Büyükçekmece Gölü'nde kaydedilen balık türleri şöyledir: *Anguilla anguilla* (L.), *Clupeonella cultriventris* (Nordmann), *Carassius gibelio* (Bloch), *Vimba vimba* (L.), *Rhodeus sericeus* (Pallas), *Rutilus rutilus* (L.), *Scardinius erythrophthalmus* (L.), *Squalius cephalus* (L.) *Petroleuciscus borysthenicus* (Kessler), *Tinca tinca* (L.) *Alburnus chalcoides* (Güldenstadt), *Gobio gobio* (L.), *Luciobarbus escherichii* (Steindachner), *Cobitis taenia* L., *Silurus glanis* L., *Esox lucius* L. *Gambusia affinis* (Baird and Girard), *Gasterosteus aculeatus* L., *Perca fluviatilis* L., *Neogobius melanostomus* (Pallas), *Proterorhinus marmoratus* (Pallas), *Knipowitschia caucasica* (Berg.).

Alanı kullanan amfibi ve sürüngen türleri şöyle sıralanabilir: *Hyla arborea* (L.) (Ağaç Kurbağası), *Pelobates syriacus* (Boettger) (Toprak Kurbağası), *Plephylax ridibundus* (Pallas) (Ova Kurbağası), *Mauremys rivulata* (Valenciennes) (Çizgili Kaplumbağa), *Emys orbicularis* (L.) (Benekli Kaplumbağa), *Testudo graeca* L. (Tosbağa), *Lacerta viridis* (Laurenti) (Yeşil Kertenkele), *L. trilineata* (Bedriaga) (İri Yeşil Kertenkele), *Podarcis taurica* (Werner) (Trakya Kertenkelesi), *Ablebharus kitaibelii* (Bibron ve Bory de Saint - Vincent) (İnce Kertenkele), *Dolichopis caspius* (Nagy) (Hazer Yılanı), *Natrix natrix* (L.) (Yarı Sucul Yılan), *Natrix tessellata* (Laurenti) (Su Yılanı).

Canis aureus (L.) (Çakal), *Vulpes vulpes* (L.) (Tilki), *Felis silvestris* Schreber (Yaban Kedisi), *Mustela nivalis* (L.) (Gelincik), *Spermophilus citellus* (L.) (Gelengi), *Lepus europaeus* Pallas (Tavşan), *Talpa europaea* L. (Köstebek) alanı kullanan memeliler olarak sayılabilir.

3.1.7. Alan Kullanımı

Büyükçekmece Gölü çevresinde görülen en yaygın arazi kullanım tiplerinin başında tarım alanları gelmektedir. Özellikle gölün kuzey ve doğu kısımlarındaki arazilerin yoğun şekilde tarım arazisi olarak kullanıldığı, havzanın %72.2'sinin tarımsal amaçla kullanılmaya uygun arazilerden meydan geldiği görülmektedir.

Gölün özellikle güney kesimlerinde kentsel yerleşimlerin yoğun olduğu görülmektedir. Güncel arazi kullanımı verilerine göre havzanın toplam alanının %9,2'si yerleşim alanları ile kaplıdır. Havza üzerinde arazi kullanımında en büyük çarpıklık, konut, ticaret ve sanayi gibi yerleşim alanlarının büyük oranda 1. ve 2. sınıf tarım alanları üzerine yayılmış olmasıdır.

Büyükçekmece Havzası, İstanbul ili içerisinde nüfus ve sanayi alanlarının artışının en yoğun yaşandığı yerlerin başında gelmektedir. Havzada hızlı, denetimsiz ve düzensiz kentleşme olgusu, insanların arazi üzerindeki baskılarının artmasına neden olmuştur (Tekin, 2010).

3.2. MALZEME

Arazi çalışmaları boyunca kuş türlerinini tespiti amacıyla Nikon Monarch 8x42 dürbün, Swarovsky 20x60, 80 mm teleskop, kuşların fotoğraflarını çekmek amacıyla Canon 40 D fotoğraf makinesi ve 400 mm f5.6 lens kullanılmıştır. Kuş türlerinin teşhis edilmesinde yardımcı olarak "*Türkiye ve Avrupa'nın Kuşları*" (Heinzel ve ark., 1995), "*The Complete Guide to the Birdsof Europe*" (Mullarney ve ark., 1999) ve "*The Complete Birds Guide of Europe and the Middle East*" (Svensson ve ark., 2009) rehber kitapları kullanılmıştır. Elde edilen bilgiler gözlem tarihleri, gözlem saatleri, hava durumu ile birlikte not defterine kayıt edilmiştir.

3.3. YÖNTEM

Araştırmalarımız Eylül 2009 – Ağustos 2010 tarihleri arasında ayda 2 kez gözlem yapılarak yürütülmüştür. Araştırma alanının genel coğrafik yapısına uygun olarak bölgeyi en iyi şekilde örnekleyebilmek amacıyla 9 alan seçilmiş ve çalışma süresince mümkün olduğunce düzenli bir şekilde, ayda 2 kez bu alanlara gidilerek transekt ve nokta sayımları yapılmıştır.

Nokta sayımı, gözlemcinin sabit bir noktadan belirli bir süre boyunca etrafında gördüğü ve duyduğu kuşları kayıt etmesi esasına dayanır. Yalnızca üreme dönemiyle sınırlı olmayıp yılın her döneminde gerçekleştirilebilen nokta sayımı, tüm türlerin göreceli yaygınlığının hesaplanmasında kullanılabilir. Ancak bu yöntem ile tespiti zor, saklanan türlerin kayıt edilmesi oldukça zordur.

Transekt sayımda ise gözlemci sabit bir hat üzerinde yürüyerek hattın her iki tarafında gördüğü ve duyduğu kuşları kaydeder. Gözlemcinin hat üzerinde rahatça yürüyebilmesi gerektiğinden dolayı bu yöntem çok uzun mesafeler ve açık habitatlar için uygundur (Sutherland, 1996).

Çalışma alanımızda belirlenen her bir nokta, büyüklük ve görüş açısına bağlı olarak çeşitli sayım noktaları ya da transektleri belirlenmiş ve gözlemler bu alanlarda gerçekleştirilmiştir (Şekil 3.4). Gözlemler bir yıl süre ile gün içinde, gün doğumundan gün batımına kadar olan aralıkta yapılmış, özellikle kuşların aktif olduğu sabah saatlerinde arazide olmaya özen gösterilmiştir. Gözlem yapılan noktalar;

1. Sayım Noktası: Çalışma alanının güneyinde yer alan Kanuni Sultan Süleyman Köprüsü (Mimar Sinan Köprüsü)'nün üzeridir. Kentsel alanlara ve gölün güneyinden geçen D80 otoyolunu yakın, gölün denizle birleşen lagün özelliğini halen koruyan tek alandır. Lagünün batı kısımlarını sazlık alanlar oluşturur, güney tarafından köprü ve otoyol geçer. Doğu kısımları ise kentsel etkiye daha çok maruz kalmış, çay bahçeleri ve diğer yapılarla çevrilmiştir. Bu alanın kuzeyinde ise baraj seddesi bulunmaktadır. Acı su özelliği taşıyan bu alanda sazlıkların yanı sıra, lagün

ortasında bulunan doğal ve yapay adacıklar ve suyun çekilmesiyle ortaya çıkan kumul alanlar görülebilmektedir. Noktasal sayıma uygundur.

2. Sayım Noktası: Çalışma alanın güneyinde, lagünün kuzeyinde yer alan ve gölün baraja çevrilmesinde etkili olan baraj seddesidir. Bu noktadan yapılan sayımlarda gölün güney, güneydoğu ve güneybatı kısımlarına hakim olunabilmekte ve özellikle sukuşlarının tespiti mümkün olmaktadır. Noktanın batısında ve doğusunda sazlık alanlar mevcut iken kuzeyinde gölün derin bölgeleri bulunmaktadır. Noktasal sayıma uygundur.

3. Sayım Noktası: Çalışma alanının batısında yer alır. Bu noktada yapılan sayımlarda gölün batısındaki koyların ve burada bulunan atıl haldeki taşocağını kullanan kuşların sayımı mümkün olmaktadır. Bu alanı oluşturan habitatlar arasında atıl haldeki bir taş ocağı, göle akan dereler ve kanallar, bunları çevreleyen sazlık ve söğütlük alanlar ile gölün batı kesiminde koy oluşturan alandır. Burada yapılan sayımlarda çeşitlilik fazla, yoğunluk az olduğu için transekt sayımına uygundur.

4. Sayım Noktası: Çalışma alanının batısında, Ahmediye Köyü'nün girişinde yer alır. Bu noktada yapılan sayımlarda gölün kuzeybatısını ve orta kısımlarında yer alan sucul kuşların sayımı mümkün olmaktadır. Bu alanı oluşturan habitatlar genel olarak kırsal yerleşim, bahçeler, tarlalar ve sazlık bulunmayan sulak alandır. Noktasal sayıma uygundur.

5. Sayım Noktası: Çalışma alanının kuzeybatısında TEM Otoyolu'nun güneyinde yer alan sedde üzerindedir. Bu alanda yapılan sayımlarda gölün kuzeybatısında yer alan populasyonları görmek mümkün olabildiği gibi gölün kuzeydoğusundaki kuşların sayımı için de uygundur. Bu alanda görülebilen habitat tipleri arasında tarlalar, sazlık alanlar ve sulak alan, kırsal yerleşim, mevsimsel ortaya çıkan kumul kıyılar, bahçeler ve açık arazidir. Noktasal sayıma uygundur.

6. Sayım Noktası: Çalışma alanının kuzeyinde, Bahşayış Köyü'nün kuzeybatısında yer alır. Bu alanda yapılan sayımlarda göle birleşen kanallardaki kuşları saymak mümkündür. Aynı zamanda özellikle tarladan beslenen kazlar, kuğular ve kıyı kuşları için oldukça uygundur. Bu alanda görülen habitat tipleri arasında baskın olarak görülen tarlaların yanısıra, kanallar ve bu kanallar boyunca yer alan sazlık ve söğütlüklerdir. Transekt sayımı için uygundur.

7. Sayım Noktası: Çalışma alanının en kuzeyinde yer alır. 6. sayım noktasının devamı niteliğindedir. Bu alanda yapılan sayımlarda göle birleşen kanallardaki kuşları görmek mümkün olabildiği gibi kış ve bahar aylarında su basan tarlalarda sürüler halinde beslenen kuşları saymak da mümkündür. Bu alanda görülen baskın habitat yapısı tarlalardır, bunun yanısıra kanallar ve kanal boylarındaki

sazlık ve söğütlükler de yer alır. Transekt ve noktasal sayım için uygundur.

8. Sayım Noktası: Çalışma alanın kuzeyinde, Bahşayış Köyü'nün yakınında yer alır. Bu alanda yapılan sayımlarda, alanda üreyen leylek populasyonunu tespit etmek ve alanın kuzeyinde yer alan sazlık ve söğütlük alanlardaki kuş populasyonlarını görmek mümkündür. Bu alanda görülen habitat yapıları arasında kırsal yerleşim, bahçeler, tarlalar ve sazlık - söğütlük alanlar yer alır. Transekt ve nokta sayımı için uygundur.

9. Sayım Noktası: Çalışma alanının bütün doğu bölgelerini içine alır. Bu alanlarda sulak alana yaklaşmak zor olduğu için uzaktan yapılan sayımlar sözkonusu olmuştur. Baskın habitat yapısı tarlalardır, sazlık ve bahçelik alanlar da bulunurken, son zamanlarda kentsel yapılaşmanın fazlaca olduğu görülmektedir. Transekt sayımı için uygundur.

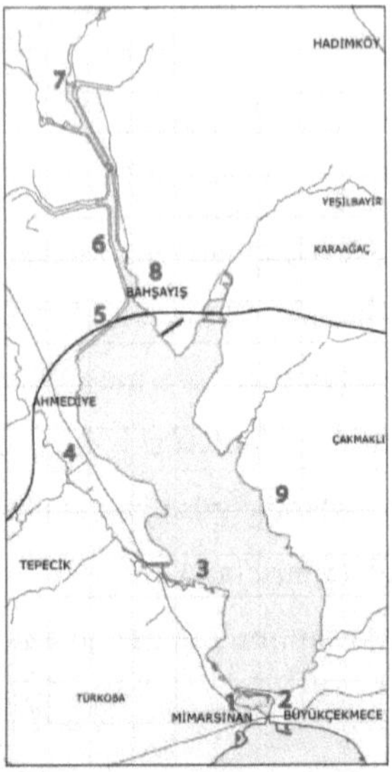

Şekil 3.4: Çalışma alanında belirlenen sayım noktaları

Çalışmalarımız boyunca hava koşulları ve ulaşım imkanlarına bağlı olarak eşit aralıklarla gözlem yapılmaya çalışılmış ve Eylül 2009 – Ağustos 2010 tarihleri arasında her ay 2 gözlem yapılmıştır (Tablo 3.1.).

Tablo 3.1: Gözlem günleri

Ay	**Gözlem Günleri**
Eylül	15.09.2009
	28.09.2009
Ekim	18.10.2009
	31.10.2009
Kasım	14.11.2009
	30.11.2009
Aralık	15.12.2009
	29.12.2009
Ocak	17.01.2010
	31.01.2010
Şubat	12.02.2010
	26.02.2010
Mart	17.03.2010
	31.03.2010
Nisan	14.04.2010
	28.04.2010
Mayıs	16.05.2010
	31.05.2010
Haziran	12.06.2010
	24.06.2010
Temmuz	01.07.2010
	18.07.2010
Ağustos	06.08.2010
	15.08.2010

Çalışmamızda tespit edilen kuş türlerinin araştırma alanımızda hangi amaçla bulunduğunu, yani statüsünü belirtmek için guruplandırma yapılmıştır. Bazı kuş türlerinin birkaç statüsü bulunabilmektedir. Bir tür aynı anda yerli, göçmen ve geçit kuşu olabilmektedir (Arslangündoğdu, 2005).

Yerli Kuş (Y): Bütün yıl boyunca görülebilen ve üreyen kuş türüdür.
Kış Göçmeni (KG): Kışı geçirmek için gelen kuş türüdür.
Yaz Göçmeni (YG): Üremek ve yazı geçirmek için gelen kuş türüdür.
Geçit Kuşu (G): Göç yaparken görülen kuş türüdür.

Çalışma alanımızda bulunan kuşlar ile ilgili kısa bilgiler verilmiş, alan için önemli olan türler ve sıklıkla görülen türlerin gözlem günlerine göre sayıları grafiklerle verilmiştir Aynı zamanda çalışmada üreyen türler tespit edilmiş ve hangi alanlarda ne yoğunlukta üredikleri Bölüm 4.2.'de belirtilmiştir. Üreyen kuşların alanlara göre üreyen populasyon yoğunlukları Şekil 3.5'de açıklanmıştır.

Çalışmamızda belirlenen türlerin koruma statüleri "The International Union for Conservation of Nature" (IUCN) tarafından yayınlanan Kırmızı Liste (Red List)'ye göre belirlenmiştir. Kırmızı listede toplam 9 kategori bulunmaktadır, bunlar Tablo 3.2.'de verilmiştir.

Tablo.3.2: IUCN kriterleri

Extinct (EX)	Yok Olmuş
Extinct in the Wild (EW)	Doğal populasyon yok
Critically Endangered (CN)	Kritik olarak tehlike altında
Endangered (EN)	Tehlike altında
Vulnurable (VU)	Hassas
Conservation Dependent (CD)	Korumaya Bağımlı
Low Risk (LR)	Düşük Risk
Data Deficient (DD)	Yetersiz bilinen
Not Evaluated (NE)	Değerlendirme yok

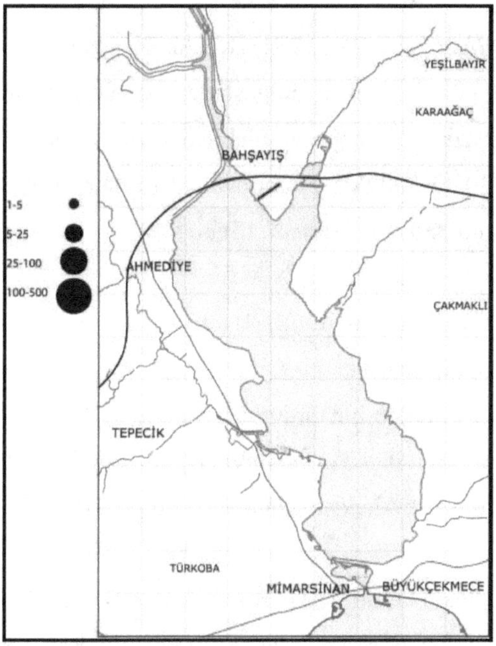

Şekil 3.5: Üreme haritalarında görülen populasyon yoğunluğu işaretleri

4. BULGULAR

Tespit edilen türlerin sistematiğinde Anonim (2012f)'den, türlerin Latince isimlendirilmesinde ise Anonim (2012g)'den yararlanılmıştır. Türlerin Türkçe isimlendirilmesinde Kasparek ve Bilgin (1996) ile Barış ve ark., (1996)'dan yararlanılmıştır.

Büyükçekmece Gölü'nde Eylül 2009 – Ağustos 2010 tarihleri arasında yapılan düzenli gözlemlerimizde 14 takımdan 42 familyaya ait 170 tür tespit edilmiştir.

4.1.TAKIM: PODICIPEDIFORMES

4.1.1.Familya: Podicipedidae

Tachybaptus ruficollis (Pallas, 1764) (Küçük Batağan)

Büyükçekmece Gölü'nün her bölgesinde, özellikle kışın daha yüksek sayılarda olmak üzere, yıl boyu görülebilen yerli bir türdür (Şekil 4.1). En yüksek sayıya 14.11.2009'da 54 bireyle ulaşmıştır. Statüsü yerli ve kış göçmenidir. Alanımızda üremektedir (Şekil 4.2).

Podiceps cristatus (Linnaeus, 1758) (Bahri)

Büyükçekmece Gölü'nde her mevsim görülebilen, özellikle kışın sayıları yüksek sayılara ulaşabilen bir türdür. En yüksek sayıya 14.11.2009'da 494 bireyle ulaşmıştır (Şekil 4.3). Göldeki uygun sazlık alanlarda az sayıda ürediği tespit edilmiştir.Alandaki statüsü yerlidir (Şekil 4.4).

Podiceps nigricollis Brehm, 1831 (Karaboyunlu Batağan)

Çalışma alanında kış göçmeni olan Karaboyunlu Batağan ekim – mart ayları arasında gözlenmiştir. Genellikle gölün güney bölgelerini tercih ettiği görülmüştür. En yüksek sayıya şubat ayında ulaşmış ve 26.02.2010'da 5 birey gözlenmiştir (Şekil 4.5). Alandaki statüsü kış göçmenidir.

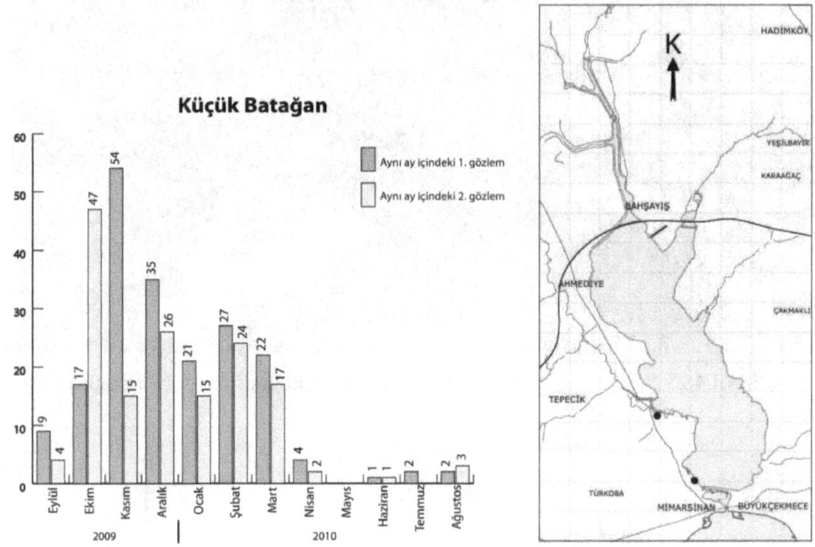

(a) (b)

Şekil 4.1: *Tachybaptus ruficollis* (Pall., 1764)'in (a) Gözlem günlerine göre sayısı, (b) üreme haritası

Şekil 4.2: *Tachybaptus ruficollis* (Pall., 1764) (Fotoğraf: Ömer Necipoğlu)

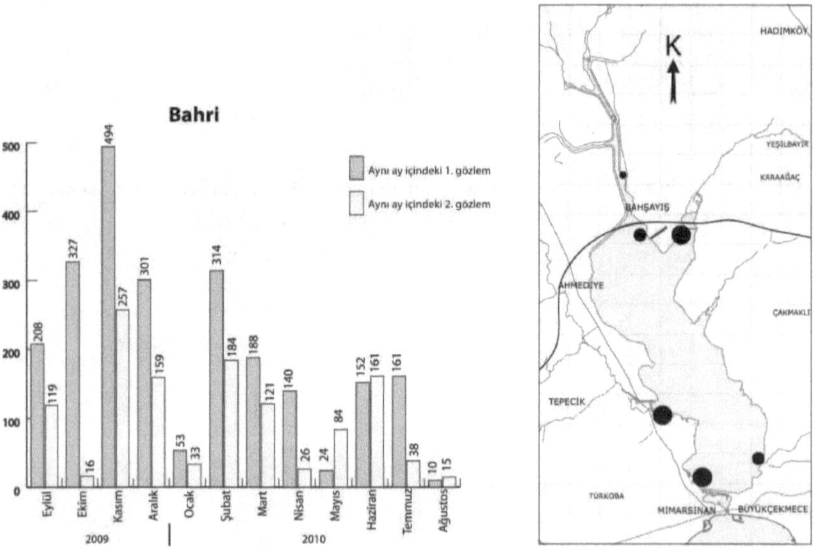

(a) (b)

Şekil 4.3: *Podiceps cristatus* (L., 1758) 'un (a) gözlem günlerine göre sayısı ve (b) üreme haritası

Şekil 4.4: *Podiceps cristatus* (L., 1758) (Fotoğraf: Ömer Necipoğlu)

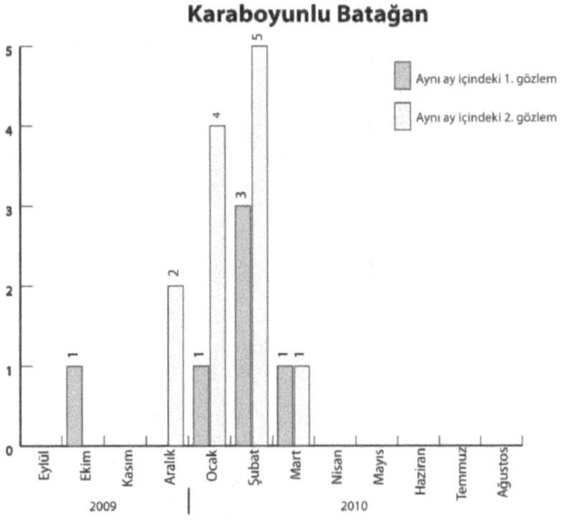

Şekil 4.5: *Podiceps nigricollis* (Brehm, 1831)'in gözlem günlerine göre sayısı

4.2.TAKIM: PELECANIFORMES

4.2.1.Familya: Phalacrocoracidae

Phalacrocorax carbo (Linnaeus, 1758) (Karabatak)

Büyükçekmece Gölü'nde yıl boyu görülmesine rağmen alanda üredikleri gözlenememiştir. Gölde beslenmek amacıyla bulundukları görülmüştür. En yüksek sayıya ocak ayında ulaşmış ve 30.01.2010 tarihinde 2014 birey gözlenmiştir (Şekil 4.6). Alandaki statüsü yerlidir.

Microcarbo pygmeus (Pallas, 1773) (Küçük Karabatak)

Çalışma alanımızda mayıs ve temmuz ayları haricinde, her dönem gözlenmiştir. 31.10.2009'da 97 birey ve 30.01.2010'da 96 birey ile en yüksek sayıya ulaşmıştır (Şekil 4.7). Genellikle sazların arasında ya da bir kayanın üstünde dinlenirken görülmüştür (Şekil 4.8). Alandaki statüsü kış göçmenidir.

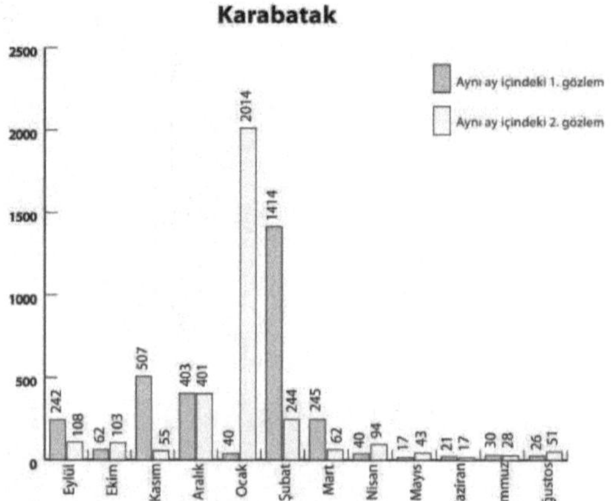

Şekil 4.6: *Phalacrocorax carbo* (L., 1758)'nun gözlem günlerine göre sayısı

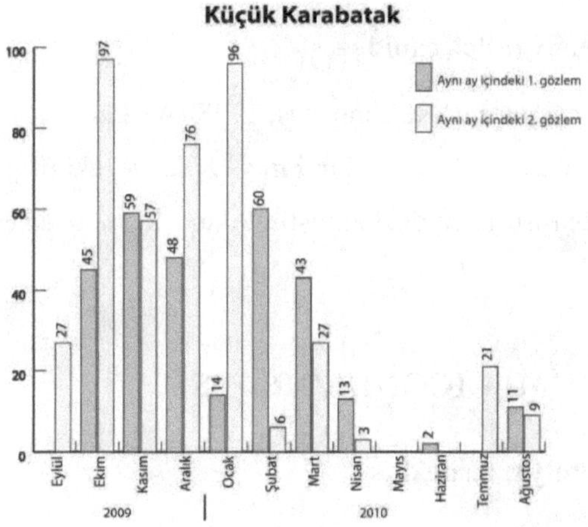

Şekil 4.7: *Microcarbo pygmeus* (Pall., 1773)'in gözlem günlerine göre sayısı

Şekil 4.8: *Microcarbo pygmeus* (Pall., 1773) (Fotoğraf: Ömer Necipoğlu)

4.2.2.Familya: Pelecanidae

Pelecanus onocrotalus Linnaeus, 1758 (Ak Pelikan)

Çalışma alanımızda genç bir birey eylül ve ekim ayları boyunca Mimar Sinan Köprüsü'nden gözlenmiştir. Alandaki statüsü geçit türüdür.

4.3.TAKIM: CICONIIFORMES

4.3.1.Familya: Ardeidae

Botaurus stellaris (Linnaeus, 1758) (Balaban)

Büyükçekmece'de kışın sazlıklar arasında görülen bu türe şubat ve mart aylarında birer kez rastlanmıştır. Alandaki statüsü kış göçmenidir.

Ixobrychus minutus (Linnaeus, 1766) (Küçük Balaban)

Çalışmalarımız mayısın sonundan temmuz ayına kadar alanda gözlenmiş ve Büyükçekmece Gölü'nde ürediği görülmüştür (Şekil 4.9). Güneyde baraj kapaklarının batısındaki sazlıklarda, taş ocağının civarındaki kanal boyunca mevcut olan sazlıklarda ürediği gözlenmiştir (Şekil 4.10). Alandaki statüsü yaz göçmenidir.

Nycticorax nycticorax (Linnaeus, 1758) (Gece Balıkçılı)

Çalışmalarımızda mart ayı sonundan mayıs sonuna kadar sazlık alanlarda ve söğütlerin üzerinde Küçük karabataklarla beraber tünerken görülmüştür. Büyükçekmece Gölü'nde göç mevsiminde tespit edilmiştir. Alandaki statüsü geçit türüdür.

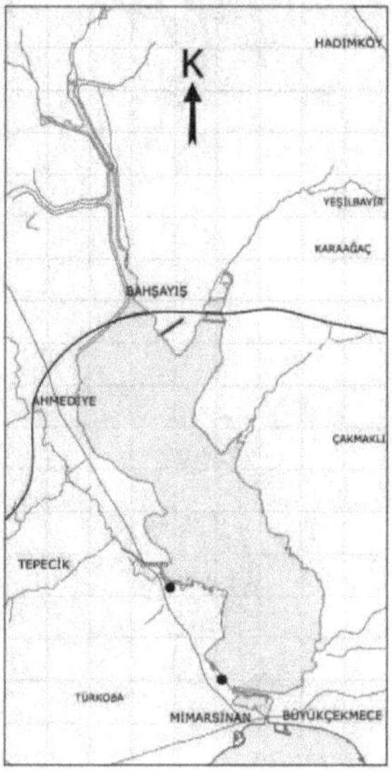

Şekil 4.9: *Ixobrychus minutus* (L., 1766) üreme haritası

Ardeola ralloides (Scopoli, 1769) (Alaca Balıkçıl)

Büyükçekmece Gölü'nde ilkbahar ve sonbahar aylarında kayıtları bulunan bir geçit türüdür. 29 Aralık'ta da oldukça nadir bir kış kaydı mevcuttur. Alandaki statüsü geçit türüdür.

Egretta garzetta (Linnaeus, 1766) (Küçük Ak Balıkçıl)

Çalışmalarımızda kış ayları haricinde her ay alanda düzenli olarak bulunduğu tespit edilmiştir. 26.02.2010'da nadir kış kaydı mevcuttur. En yüksek sayıya ilkbahardaki göçü sırasında rastlanmıştır. 28.04.2010'da alanda 11 birey gözlenmiştir (Şekil 4.11). Alandaki statüsü yaz göçmeni ve geçit türüdür (Şekil 4.12).

Şekil 4.10: *Ixobrychus minutus* (L., 1766) (Fotoğraf:Ömer Necipoğlu)

Ardea alba (Linnaeus, 1758) (Büyük Ak Balıkçıl)

Büyükçekmece Gölü'nde yapılan araştırmalarımızda bu türün ekim – nisan ayları arasında alanda bulunduğu tespit edilmiştir. En yüksek sayıya ekim ayının sonlarında ulaşmış ve 31.10.2009'da 11 birey gözlenmiştir (Şekil 4.13). Alandaki statüsü kış göçmeni ve geçit türüdür.

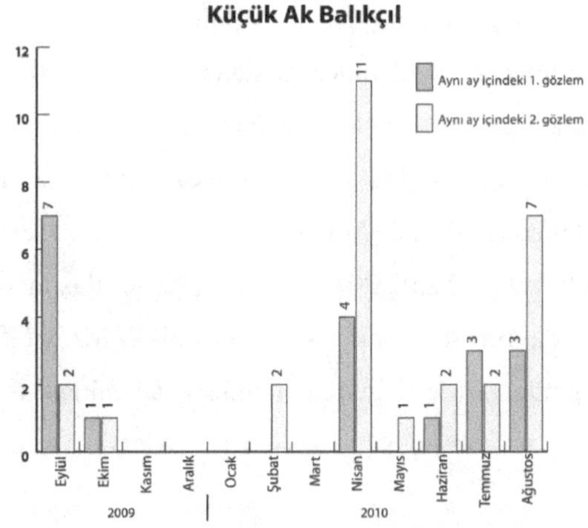

Şekil 4.11: *Egretta garzetta* (L., 1766)'nın gözlem günlerine göre sayısı

Şekil 4.12: *Egretta garzetta* (L., 1766) (Fotoğraf: Serhat Tigrel)

Ardea cinerea Linnaeus, 1758 (Gri Balıkçıl)

Çalışmalarımızda yıl boyunca gözlenen bu türün alanda yerli tür olduğu, fakat üremediği tespit edilmiştir. Boyla ve Arslan (2008)'a göre Gülhane Parkı'nda üreyen koloniler beslenmek amacıyla ve kış mevsiminde Büyükçekmece Gölü'nde bulunurlar. Kış aylarında sayıları yükselmektedir. En yüksek sayıya 12.02.2010'da 111 bireyle ulaşmıştır. 15.12.2009'da da 107 birey sayılmıştır (Şekil 4.14). Özellikle Mimar Sinan Köprüsü'nden yapılan gözlemlerde lagünün içindeki adacıklarda ve lagün etrafında yoğunlaştıkları görülmüştür (Şekil 4.15). Alandaki statüsü yerlidir.

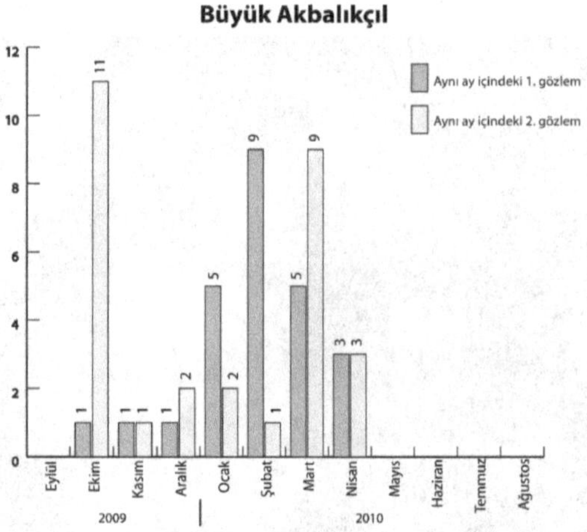

Şekil 4.13: *Ardea alba* (L., 1758)'nın gözlem günlerine göre sayısı

Ardea purpurea (Linnaeus, 1766) (Erguvani Balıkçıl)

Çalışmalarımız sonuçlarına göre bu tür, Büyükçekmece Gölü'nde ilkbahar ve sonbahar aylarında görülen bir geçit türü olarak tespit edilmiştir. Özellikle alanın kuzeyindeki kanallardaki sazlıklarda daha sık bulunduğu görülmüştür. Alandaki statüsü geçit türüdür.

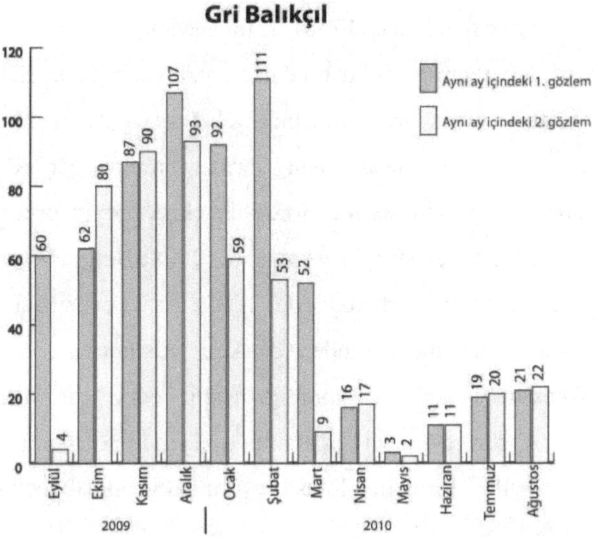

Şekil 4.14: *Ardea cinera* L., 1758'nın gözlem günlerine göre sayısı

Şekil 4.15: *Ardea cinera* L., 1758 (Fotoğraf: Serhat Tigrel)

4.3.2.Familya: Ciconiidae

Ciconia nigra (Linnaeus, 1758) (Kara Leylek)

İstanbul'da yaygın geçit kuşu ve nadir yaz konuğudur. İlkbaharda özellikle mart sonu – nisan ortası arasında tek tek ya da küçük gruplar halinde, mayıs ayı boyunca daha büyük sürüler halinde göç ederken görülürler. Sonbaharda ise eylül ayının ortası ile ekim ayının ortası arasında yoğun şekilde göç ederler (Boyla ve Arslan, 2008).Belgrad Ormanı'nda ürediği tespit edilmiştir (Arslangündoğdu, 2005). Arazi çalışmalarımız sırasında bu türe sonbahar mevsiminde 2 kez rastlanmış ve göç sırasında Büyükçekmece Gölü'ne uğradığı tespit edilmiştir. 18.09.2009'da 161 bireylik bir sürü göç ederken alanın kuzeyinde gözlenmiş, diğer gözlem de 30.11.2009'da 1 birey ile olmuştur. Alandaki statüsü geçit türüdür.

Ciconia ciconia (Linnaeus, 1758) (Leylek)

Büyükçekmece'de yoğun olarak geçiş yapan bir geçit kuşu ve az sayıda üreyen bir yaz göçmenidir. Daha önceki yıllarda yapılan gözlemlerde Büyükçekmece Gölü'nün güneybatısından ağustos ayı içinde bir günde 25.000'den fazla leyleğin göç ettiği görülmüştür. Bahşayış Köyü'nde üredikleri tespit edilmiştir ve 6 yuvanın çalışma sırasında aktif olarak kullanıldığı görülmüştür (Şekil 4.16). Bu yuvaların her birinde minimum 2 yavrunun büyütüldüğü gözlenmiştir Gölün kuzeyindeki ve batısındaki tarlaları ise göç esnasında konaklamak ve dinlenmek amacıyla kullanmaktadırlar (Şekil 4.17). Alandaki statüsü yaz göçmenidir.

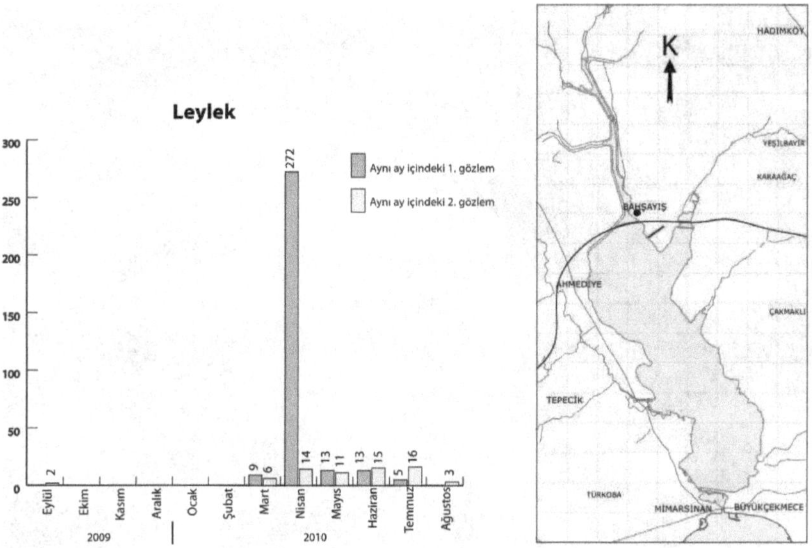

(a) (b)

Şekil 4.16: *Ciconia ciconia* (L., 1758) 'ın (a) gözlem günlerine göre sayısı ve (b) üreme haritası

4.3.3.Familya: Threskiornithidae

Plegadis falcinellus Linnaeus, 1766 (Çeltikçi)

Çalışma alanımızda ilkbahar göçü sırasında 14.04.2010'da bir birey görülmüştür. Büyükçekmece Gölü'nde geçit türü olduğu tespit edilmiştir.

Platalea leucorodia Linnaeus, 1758 (Kaşıkçı)

Araştırma alanımızda *P. leucorodia* yaz ayları dışında hemen hemen her mevsim görülmüştür.

En yüksek sayıya 31.10.2009'da 4 birey ile ulaşmıştır. Çalışmamızda türün alanda az sayıda görülen geçit kuşu ve kış göçmeni olduğu tespit edilmiştir.

Şekil 4.17: *Ciconia ciconia* (L., 1758) (Fotoğraf: Serhat Tigrel)

4.4.TAKIM: ANSERIFORMES

4.4.1.Familya: Anatidae

Cygnus olor (Gmelin, 1789) (Kuğu)

Çalışmalarımızda 17.01.2010'da 4 birey ve 26.02.2010'da 2 birey olmak üzere 2 kez rastlanılmıştır (Şekil 4.18). Alandaki statüsü kış göçmenidir.

Cygnus cygnus (Linnaeus, 1758) (Ötücü Kuğu)

Çalışma alanımızda 29.12.2009'da bir birey gözlenmiştir. Araştırma alanımız için statüsü kış göçmenidir.

Anser albifrons (Scopoli, 1769) (Sakarca)

Çalışmalarımız süresince araştırma alanında bir kez görülen *A. albifrons*, 30.01.2010'da 20 birey ile kayda geçmiştir. Görülen bireyler Büyükçekmece Gölü'nün doğusundaki ekilmiş tarlalarda, türün kışınki davranışlara uygun şekilde, insanlardan uzakta beslenirken gözlenmiştir. Araştırma alanı için statüsü kış göçmenidir.

Şekil 4.18: *Cygnus olor* (Gmelin, 1789) (Fotoğraf: Ömer Necipoğlu)

Tadorna tadorna (Linnaeus, 1758) (Suna)

Çalışma alanımızda eylül ortasından şubat sonunda kadar düzensiz olarak gözlenmiştir. Özellikle gölün batısında ve kuzeyinde diğer ördeklerle beraber görülmüştür. En yüksek sayıya 26.02.2010'da 15 bireyle ulaşmıştır. Araştırma alanı için statüsü kış göçmenidir.

Anas penelope Linnaeus, 1758 (Fiyu)

Çalışmalarımızda genelde Yeşilbaş ve Çamurcun gruplarının içinde görülmüştür. Özellikle gölün batısı ve güneyi bu türün en sık görüldüğü alanlardır. Kasım ayının sonundan şubat ayının sonuna kadar çalışma alanında bulunduğu tespit edilmiştir. En yüksek sayıya 15.12.2009'da 17 bireyle ulaşmıştır (Şekil 4.19). Araştırma alanı için statüsü kış göçmenidir (Şekil 4.20).

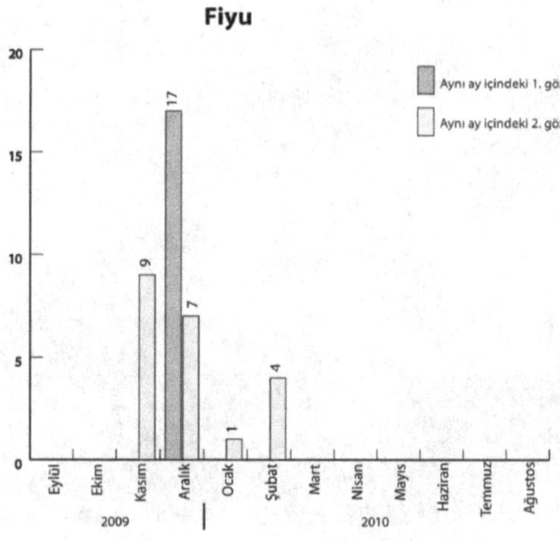

Şekil 4.19: *Anas penelope* L., 1758'nin gözlem günlerine göre sayısı

Anas crecca Linnaeus, 1758 (Çamurcun)

Çalışmalarımızda *A. crecca* en yüksek sayıda ve en sık görülen yüzey ördeklerinden biri olmuştur. Çalışma alanının pek çok noktasından gözlenmiş ise de en yüksek sayılar gölün kuzeyinden ve güneyinden elde edilmiştir. Ekim ayının ortasından şubat ayının sonlarına kadar alanda kaldığı tespit edilen bu tür, en yüksek sayıya kasım sonu – aralık ayı boyunca ulaşmıştır. 30.11.2009'da 2333 birey, 17.12.2009'da 2866 birey ve 29.12.2009'da 2927 birey sayılmıştır (Şekil 4.21). Araştırma alanı için statüsü kış göçmenidir (Şekil 4.22).

Anas platyrhynchos Linnaeus, 1758 (Yeşilbaş)

Çalışma alanımızda yıl boyu görülen bir türdür. Yılın her ayında görülmekle beraber kış aylarında sayıları artmaktadır. Gölün güneybatısındaki sazlıklarda 3 çiftin, gölün batısındaki taşocağı civarındaki sazlıklarda bir çiftin ürediği gözlenmiştir. Aralık ve ocak aylarında sayıları oldukça artarak, 30.01.2010'da 6291 bireyle en yüksek sayıya ulaşmıştır (Şekil 4.23). Araştırma alanı için statüsü yerlidir (Şekil 4.24).

Şekil 4.20: *Anas penelope* L., 1758 (Fotoğraf: Ömer Necipoğlu)

Anas acuta Linnaeus, 1758 (Kılkuyruk)

Çalışma alanımızda ekim - şubat ayları arasında görülmüştür. Genellikle diğer yüzey ördeklerinin arasında az sayıda bulunmaktadır. En yüksek sayıya 26.02.2010 tarihinde 52 birey ile ulaşmıştır (Şekil 4.25). Alandaki statüsü kış göçmenidir.

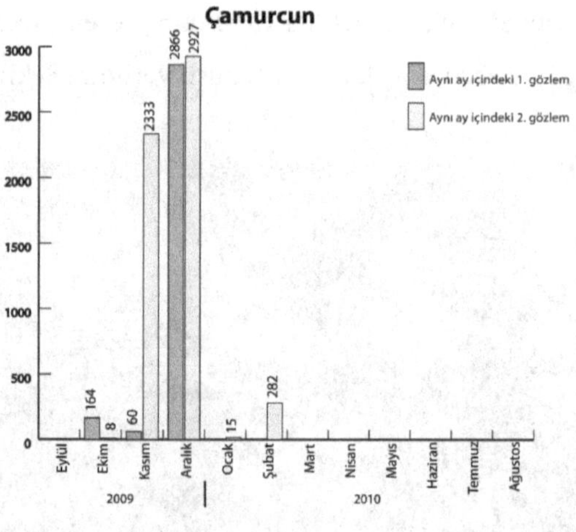

Şekil 4.21: *Anas crecca* L., 1758'nın gözlem günlerine göre sayısı

Şekil 4.22: *Anas crecca* L., 1758 (Fotoğraf: Serhat Tigrel)

Anas querquedula Linnaeus, 1758 (Çıkrıkçın)

Arazi çalışmalarımızda *A.querquedula*'nın ilkbahar göçünde şubat ayı sonundan, nisan ayının sonuna kadar, sonbahar göçünde ise ağustos ayında alanda bulunduğu tespit edilmiştir. İlkbahar göçünde en erken göç eden türlerden biri olan *A.querquedula* 26.02.2010'da 45 bireyle en yüksek sayıya ulaşmıştır. Alandaki statüsü geçit türüdür.

Anas clypeata Linnaeus, 1758 (Kaşıkgaga)

Çalışmalarımızda *A.clypeata* kasım ayından nisan ayı sonuna kadar genellikle gölün güneyinde ve doğusunda gözlenmiştir. En yüksek sayıya 15.12.2009'da 15 birey ile ulaşmıştır (Şekil 4.26). Alandaki statüsü kış göçmeni ve geçit türüdür.

Netta rufina (Pallas, 1773) (Macar Ördeği)

Çalışma alanımızda yalnızca bir kaydı olan bu türün, 31.01.2010'da 18 bireyi tespit edilmiştir. Alandaki statüsü kış göçmenidir.

Aythya ferina (Linnaeus, 1758) (Elmabaş Patka)

Çalışma alanımızda *A.ferina* ekimin ortasından mart ayının sonlarına kadar görülr. En yüksek sayıya 29 aralık 2009'da ulaşmış ve 1260 birey sayılmıştır (Şekil 4.27). Alandaki statüsü kış göçmenidir (Şekil 4.28).

Aythya fuligula (Linnaeus, 1758) (Tepeli Patka)

Çalışmalarımızda *A. fuligula* diğer ördek türlerinin içinde, özellikle *A. ferina* gruplarının içinde az sayıda görülmüştür. Alanda kasım sonundan şubat ayının sonlarına kadar görülmüştür. En yüksek sayıya 30.01.2010'da 11 birey ile ulaşmıştır (Şekil 4.29). Alandaki statüsü kış göçmenidir.

Aythya marila (Linnaeus, 1761) (Karabaş Patka)

Araştırma alanımızda 30.01.2010'da 5 birey, 26.02.2010'da bir birey olmak üzere iki kez gözlenmiştir. Alandaki statüsü kış göçmenidir (Şekil 4.30).

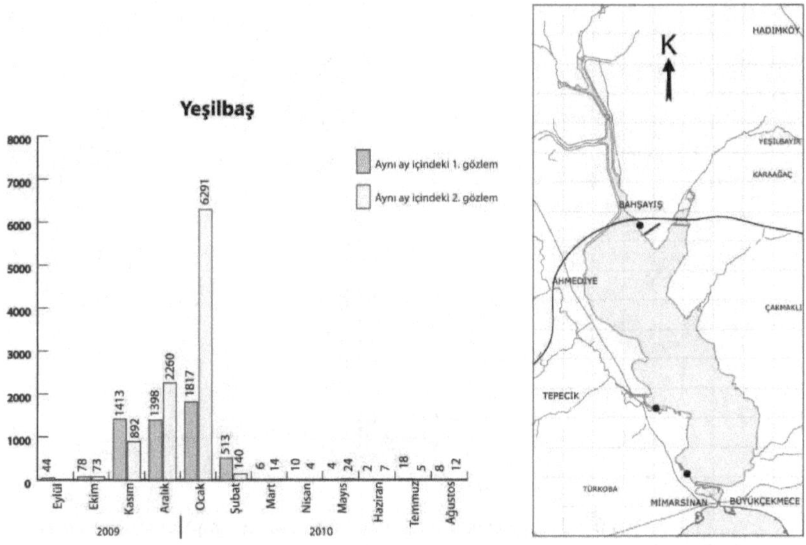

(a) (b)

Şekil 4.23: *Anas platyrhynchos* L., 1758 ’un (a) gözlem günlerine göre sayısı ve (b) üreme haritası

Şekil 4.24: *Anas platyrhynchos* L., 1758 (Fotoğraf: Ömer Necipoğlu)

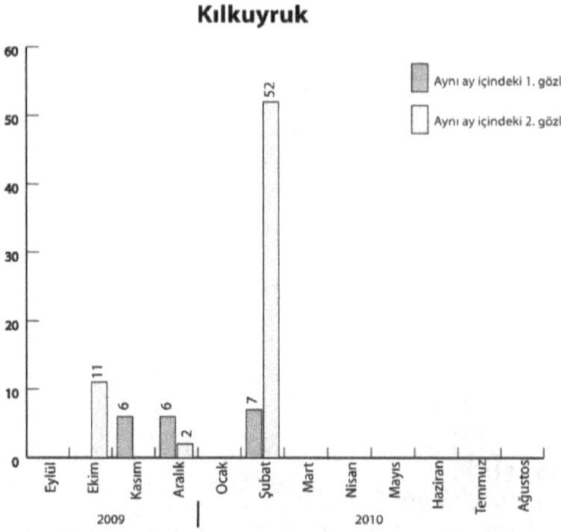

Şekil 4.25: *Anas acuta* L., 1758'nın gözlem günlerine göre sayısı

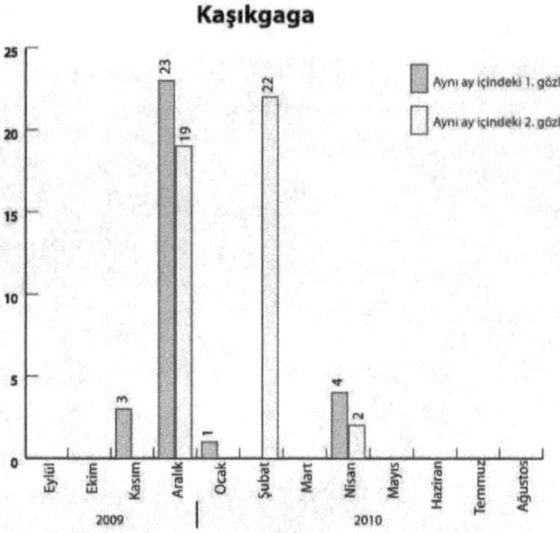

Şekil 4.26: *Anas clypeata* L., 1758'nın gözlem günlerine göre sayısı

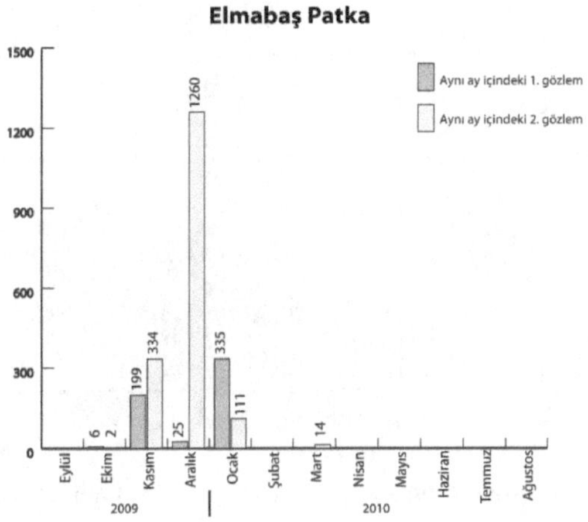

Şekil 4.27: *Aythya ferina* (L., 1758)'nın gözlem günlerine göre sayısı

Şekil 4.28: *Aythya ferina* (L., 1758) (Fotoğraf: Serhat Tigrel)

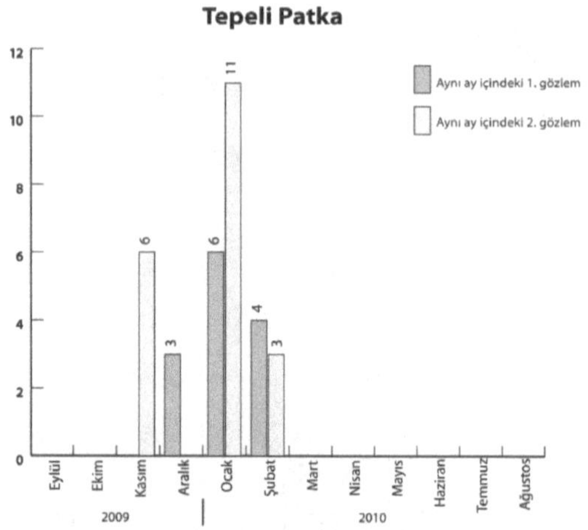

Şekil 4.29: *Aythya fuligula* (L., 1758)'nın gözlem günlerine göre sayısı

Şekil 4.30: *Aythya marila* (L., 1761) (Fotoğraf: Ergün Bacak)

Bucephala clangula (Linnaeus, 1758) (Altıngöz)

Çalışmalarımızda bu tür ocak ve şubat aylarında alanda görülmüş ve 30.01.2010'da 10 birey, 12.02.2010'da 3 birey tespit edilmiştir. Görülen bireylerin pek çoğu gölün güneyinde kayda alınmıştır. Alandaki statüsü kış göçmenidir.

Mergellus albellus (Linnaeus, 1758) (Sütlabi)

Çalışmalarımızda bu türe sadece ocak ayında rastlanılmıştır. 17.01.2010'da bir birey ve 31.01.2010'da 8 birey tespit edilmiştir. Çoğunlukla gölün kuzeyini kullandıkları görülmüştür. Alandaki statüsü kış göçmenidir (Şekil 4.31).

Mergus serrator Linnaeus, 1758 (Tarakdiş)

Çalışma alanımızda ilk olarak kasım ayı sonunda görülen *M. serrator* daha sonra aralık ve şubat aylarında da gözlenmiş ve en fazla 2 birey sayılmıştır. Özellikle gölün güneyini tercih ettikleri, zaman zaman da gölün batısında bulundukları görülmüştür. Alandaki statüsü kış göçmenidir (Şekil 4.32).

Mergus merganser Linnaeus, 1758 (Büyük Tarakdiş)

Çalışma alanımızın doğusunda ilk kez 17.01.2010'da görülen bir birey erkek *M. merganser* 12.02.2010 tarihinde yapılan gözlemle beraber 3 kez aynı noktada görülmüştür. Alandaki statüsü kış göçmenidir.

Şekil 4.31: *Mergellus albellus* (L., 1758) (Fotoğraf: Serhat Tigrel)

Şekil 4.32: *Mergus serrator* L., 1758

4.5.TAKIM: FALCONIFORMES

4.5.1.Familya: Accipitridae

Circaetus gallicus (Gmelin, 1788) (Yılan Kartalı)

Çalışma alanımızda eylül, mayıs, temmuz ve ağustos aylarında birer birey gözlenmiştir. Alanda beslenmek için uzun süre havada askıda kaldığı görülmüştür. Alandaki statüsü yaz göçmeni ve geçit türüdür.

Circus aeruginosus (Linnaeus, 1758) (Saz Delicesi)

Çalışma alanımızda yaz ayları haricinde her mevsim görülmüştür. En yüksek sayıya 3 bireyle 17.03.2010'da ulaşmıştır. Alandaki statüsü kış göçmenidir (Şekil 4.33).

Şekil 4.33: *Circus aeruginosus* (L., 1758) (Fotoğraf: Serhat Tigrel)

Circus cyaneus (Linnaeus, 1766) (Gökçe Delice)

Çalışma alanımızda ekim ayında ve aralık ayınının sonundan itibaren nisan sonuna kadar düzenli olarak en fazla iki birey görülmüştür. Alandaki statüsü kış göçmeni ve geçit kuşudur.

Accipiter gentilis (Linnaeus, 1758) (Çakır)

Çalışma alanımızda yalnız bir kez, gölün doğusundaki tarlalar üzerinde, 30.01.2010 tarihinde bir birey gözlenmiştir. Alandaki statüsü kış göçmenidir.

Accipiter nisus (Linnaeus, 1758) (Atmaca)

Çalışma alanımızda eylül ayından mart sonuna kadar görülebilmesine rağmen ocak aynda hiç görülmemiştir. En yüksek sayıya 17.03.2010'da 14 bireyle ulaşmıştır. Alandaki statüsü kış göçmeni ve geçit türüdür.

Buteo buteo (Linnaeus, 1758) (Şahin)

Çalışma alanımızda eylül ayından itibaren nisan ortalarına kadar görülebilmektedir. En yüksek sayıya 31.10.2009'da 895 bireyle ulaşmıştır. Bu görülen bireyler göç ederken gözlenmişlerdir. Kışlayan bireyler telefon direkleri üzerinde dinlenirken ve gölün çevresindeki tarlalarda Tarla faresi avlarken gözlenmiştir. Alandaki statüsü kış göçmeni ve geçit kuşudur (Şekil 4.34).

Buteo rufinus (Cretzschmar, 1829) (Kızıl Şahin)

Çalışma alanımızda *B. rufinus* kasım ve şubat aylarında birer kez olmak üzere toplamda 2 kez gözlenmiştir. Alandaki statüsü kış göçmenidir.

Şekil 4.34: *Buteo buteo* (L., 1758) (Fotoğraf: Ömer Necipoğlu)

Buteo lagopus (Pontoppidan, 1763) (Paçalı Şahin)

Çalışmalarımızda genelde soğuk kışlarda görülen bu türe 2 kez rastlanmıştır. 30.01.2010'da gölün doğusunda, 12.02.2010'da ise gölün kuzeyinde görülmüştür. Alanda "hovering" denilen, av ararken havada askıda kalma hareketini yaparken gözlenmişlerdir. Alandaki statüsü kış göçmenidir.

Aquila pomarina Brehm, 1831 (Küçük Orman Kartalı)

Çalışma alanımızda 2 kez gözlenmiştir. 18.09.2009'da günü ve 28.04.2010'da birer birey gözlenmiştir. Alandaki statüsü geçit türüdür.

Aquila heliaca Savigny, 1809 (Şah Kartal)

Çalışma alanımızda 26.02.2010 günü ve 01.07.2010'da birer birey gözlenmiştir. Alandaki statüsü kış göçmeni ve geçit türüdür.

Aquila pennata (Gmelin, 1788) (Küçük Kartal)

Çalışma alanımızda sadece 01.07.2010 tarihinde bir birey görülmüştür. Alandaki statüsü yaz göçmenidir (Şekil 4.35).

Pandion haliaetus (Linnaeus, 1758) (Balık Kartalı)

Çalışma alanımızda sadece bir kez 18.10.2009 tarihinde bir birey gözlenmiştir. Bu tür, göç zamanı gölün güneyinden DSİ baraj kapakları üzerinde kargalar tarafından kovalanırken görülmüştür. Alandaki statüsü geçit türüdür (Şekil 4.36).

Şekil 4.35: *Aquila pennata* (Gmelin, 1788) (Fotoğraf: Ergün Bacak)

Şekil 4.36: *Pandion haliaetus* (L., 1758) (Fotoğraf: Ömer Necipoğlu)

4.5.2. Familya: Falconidae

Falco tinnunculus Linnaeus, 1758 (Kerkenez)

Çalışma alanımızda her mevsim görülebilen ve alanda ürediği bilinen tek yırtıcı türüdür. En yüksek sayıya 18.07.2010'da gölün batısındaki taş ocaklarında 6 birey ile ulaşmıştır. Buradaki kayalıklarda ürediği bilinen bir çift kerkenez vardır (Şekil 4.37). 6 bireyin 4'ü o seneki yavrular ve 2 tanesi de ebeveynlerden oluşmaktadır. Genellikle tarlalar ve açık alanlar üzerinde havada asılı kalarak av ararken görülmektedir (Şekil 4.38). Alandaki statüsü yerlidir.

Falco vespertinus Linnaeus, 1766 (Aladoğan)

Çalışma alanımızda, sadece ilkbahar göçü sırasında, alanın kuzeyindeki tarlalarda sineklerle ile beslenirken grup halinde gözlenmiştir. 18.04.2010 tarihinde 17 birey tespit edilmiştir. Alandaki statüsü geçit türüdür.

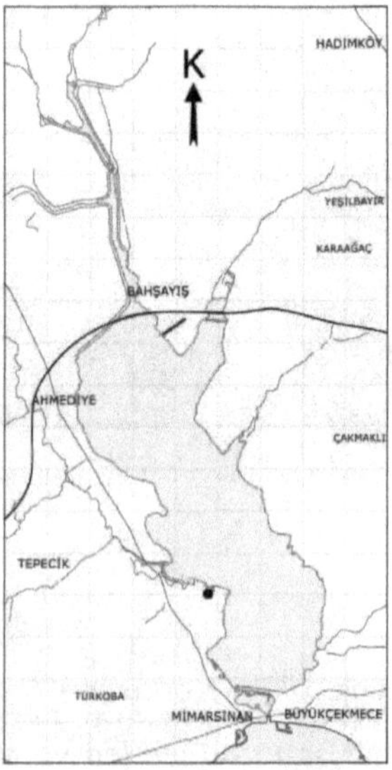

Şekil 4.37: *Falco tinnunculus* L., 1758'un üreme haritası

Şekil 4.38: *Falco tinnunculus* L., 1758 (Fotoğraf: Serhat Tigrel)

Falco columbarius Linnaeus, 1758 (Boz Doğan)

Çalışmamızda bu türe sadece bir kez 31.10.2009 tarihinde bir birey olarak rastlanmıştır. Alandaki statüsü geçit kuşudur.

Falco cherrug Gray, 1834 (Ulu Doğan)

Çalışma alanımızda ilk olarak 14.11.2009'da gölün batısındaki taş ocağında görülen bir birey, mart ve nisan aylarında da alanda görülmüştür. Mart ayında taş ocaklarında Kuzgunlar ile kavga ederken görülürken, nisan ayında alanın kuzeyinde Döğüşkenkuşları ve diğer kıyı kuşlarını avlamaya çalışırken gözlenmiştir.

4.6.TAKIM: GALLIFORMES

4.6.1..Familya: Phasianidae

Alectoris chukar (Gray, 1830) (Kınalı Keklik)

Çalışma alanımızda, gölün batısında yer alan taşocaklarında 08.09.2009 ve 15.12.2009'da birer birey görülmüştür. Alandaki statüsü yerlidir.

4.7.TAKIM: GRUIFORMES

4.7.1.Familya: Rallidae

Rallus aquaticus Linnaeus, 1758 (Sukılavuzu)

Çalışmalarımızda özellikle kış aylarında daha sık rastlanmakla beraber ilkbahar aylarında da gözlenmiştir. Çalışma alanımızda ürediği tespit edilmiştir (Şekil 4.39). En yüksek sayıya 29.12.2009'da 3 bireyle ulaşmıştır. Daha çok gölün batısındaki dere boyundaki sazlıkların içinde görülmüşlerdir (Şekil 4.40). Alandaki statüsü yerlidir.

Gallinula chloropus (Linnaeus, 1758) (Sutavuğu)

Çalışma alanımızda ocak ve ağustos ayları haricinde her ay gözlenmiştir. Özellikle mart ayında sayıları çok yükselmiştir. 17.03.2010'da 17 birey ve 31.03.2010 günü 21 birey tespit edilmiştir. Alan genelinde en az 5 çiftin ürediği saptanmıştır (Şekil 4.41). Uygun sazlıkların bulunduğu yerlerde yavrularıyla beraber gözlenmişlerdir (Şekil 4.42). Alandaki statüsü yerlidir.

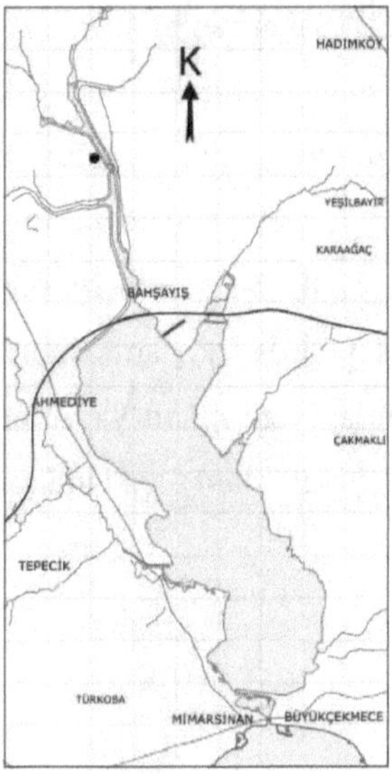

Şekil 4.39: *Rallus aquaticus* L., 1758'un üreme haritası

Şekil 4.40: *Rallus aquaticus* L., 1758 (Fotoğraf: Ömer Necipoğlu)

Fulica atra Linnaeus, 1758 (Sakarmeke)

Araştırmalarımızda, çalışma alanında en yüksek sayılarda görülen sukuşlarından biridir. Özellikle ekim ayından itibaren sayıları artmaya başlar ve kasım ayında en yüksek sayılara ulaşmıştır. 14.11.2009'da 1085 birey ve 30.11.2009'da 1288 birey sayılmıştır. Az sayıda üremesine rağmen çok yüksek sayılarda kışlamaktadır (Şekil 4.43). Gölün güneybatısındaki sazlıklarda yeni çıkan yavrularla beraber gözlenmiş ve üredikleri saptanmıştır (Şekil 4.44). Alandaki statüsü yerli ve kış göçmenidir.

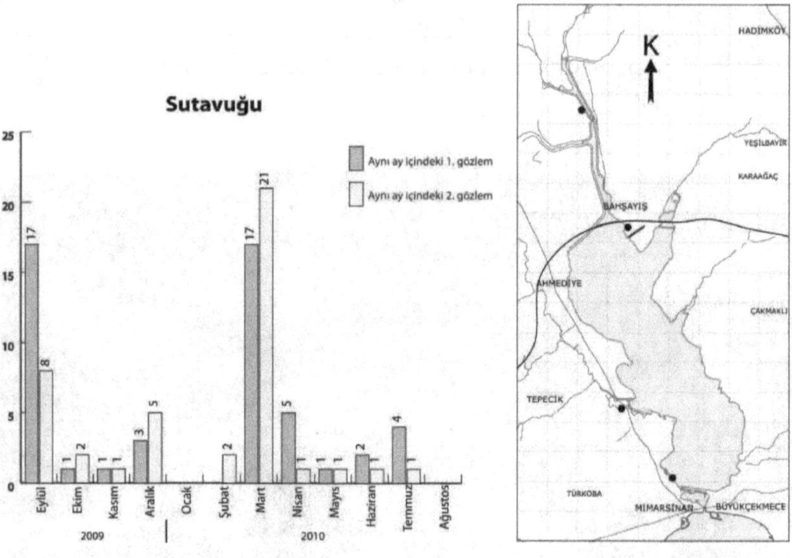

(a) (b)

Şekil 4.41: *Gallinula chloropus* (L., 1758)'un (a) gözlem günlerine göre sayısı ve (b) üreme haritası

Şekil 4.42: *Gallinula chloropus* (L., 1758) (Fotoğraf: Serhat Tigrel)

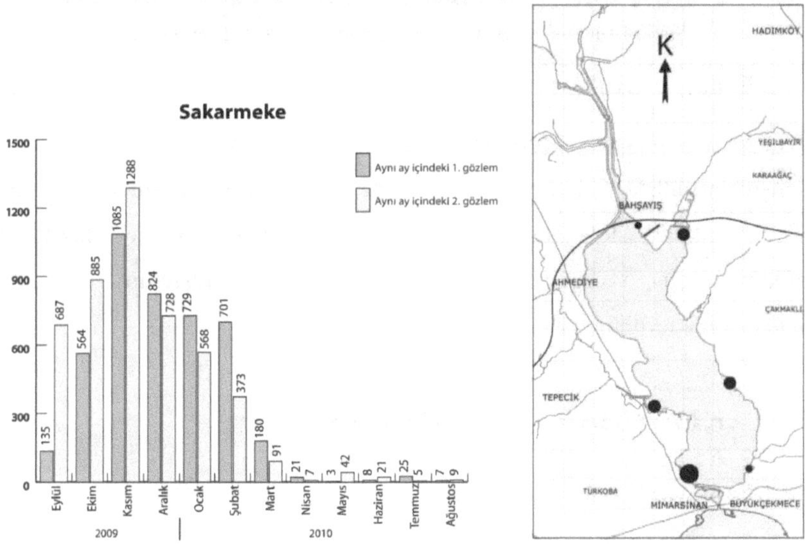

(a) (b)

Şekil 4.43: *Fulica atra* L., 1758 'nın (a) gözlem günlerine göre sayısı ve (b) üreme haritası

Şekil 4.44: *Fulica atra* L., 1758 (Fotoğraf: Ömer Necipoğlu)

4.7.2.Familya: Gruidae

Grus grus (Linnaeus, 1758) (Turna)

Çalışmalarımızda *G.grus* sadece bir kez 31.10.2009 tarihinde 15 birey olarak olarak kaydedilmiştir. Görülen bireyler alanı doğrudan kullanmamışlar ve göç esnasında uçarken gözlenmişlerdir. Alandaki statüsü geçit türüdür.

4.8.TAKIM: CHARADRIIFORMES

4.8.1.Familya: Haematopodidae

Haematopus ostralegus Linnaeus, 1758 (Poyrazkuşu)

Çalışma alanımızda yalnız bir kez 18.10.2009'da bir birey olarak Mimar Sinan Köprüsü'nden gözlenmiş, gölün güneyindeki lagünün ortasındaki adacıklarda dinlenirken görülmüştür. Alandaki statüsü geçit türüdür.

4.8.2.Familya: Recurvirostridae

Himantopus himantopus (Linnaeus, 1758) (Uzunbacak)

Araştırma alanımızda 17.01.2010 ve 12.02.2010 tarihlerinde birer birey olmak üzere iki kez Mimar Sinan Köprüsü'nden yapılan gözlemlerde, lagünün ortasındaki adacıklarda görülmüştür. Alandaki statüsü nadir kış konuğudur.

Recurvirostra avosetta Linnaeus, 1758 (Kılıçgaga)

Çalışma alanımızda yalnız bir kez 18.10.2009'da bir birey olarak gözlenmiştir. Görülen birey Mimar Sinan Köprüsü'ndeki gözlem noktasından, lagünün ortasındaki kumul adacıklarda dinlenirken görülmüştür. Alandaki statüsü geçit türüdür.

4.8.3.Familya: Glareolidae

Glareola pratincola Linnaeus, 1766 (Bataklıkkırlangıcı)

Çalışma alanımızda yalnız bir kez 31.05.20010'da bir birey olarak gölün kuzeyindeki su basan tarlalarda görülmüştür. Alandaki statüsü geçit türüdür.

4.8.4.Familya: Charadriidae

Charadrius dubius Scopoli, 1786 (Halkalı Küçük Cılıbıt)

Çalışma alanımızda mart, mayıs ve temmuz aylarında gözlenmiştir. En yüksek sayıya temmuz ayında ulaşmış ve 31.07.2010'da 4 birey gözlenmiştir. Alandaki statüsü yaz göçmeni ve geçit türüdür.

Charadrius hiaticula Linnaeus, 1758 (Halkalı Cılıbıt)
Çalışma alanımızda 14.11.2009'da 6 birey, 29.12.2009'da 5 birey olmak üzere iki kez gözlenmiştir. Gölün kuzeyindeki kanal boyunda, kumulların üzerinde beslenirken görülmüşlerdir. Alandaki statüsü kış göçmenidir.

Pluvialis apricaria (Linnaeus, 1758) (Altın Yağmurcun)
Çalışma alanımızda iki kez gözlenmiş ve 29.12.2009'da alanın kuzeyindeki tarlalarda 124 birey sayılmıştır. Rutin gözlemler harici yapılan ara gözlemlerde de 07.03.2010 günü aynı alanda 30 birey sayılmıştır. Alandaki statüsü kış göçmeni ve geçit türüdür.

Pluvialis squatarola (Linnaeus, 1758) (Gümüş Yağmurcun)
Çalışma alanımızda yalnız bir kez 17.01.2010'da bir birey Mimar Sinan Köprüsü'nden gözlenmiştir. Özellikle lagünün ortasındaki adacıklar ve kumullarda beslenirken görülmüştür. Alandaki statüsü kış göçmenidir.

Vanellus vanellus (Linnaeus, 1766) (Kızkuşu)
Çalışma alanımızda ekim ayının sonundan, mart ayının sonlarına kadar gözlenmiştir. Özellikle kış aylarında gölün kuzeyindeki su basan tarlalarda yüksek sayılarda görülmüştür. En yüksek sayıya 30.11.2009'da 441 bireyle ulaşmıştır (Şekil 4.45). Alandaki statüsü kış göçmenidir (Şekil 4.46).

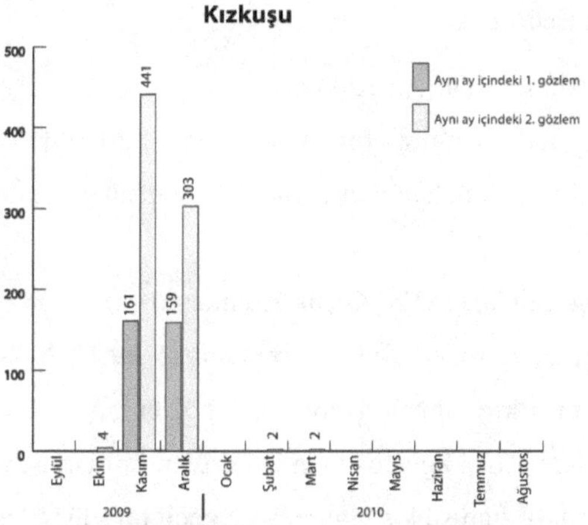

Şekil 4.45: *Vanellus vanellus* (L., 1766) 'un gözlem günlerine göre sayısı

Şekil 4.46: *Vanellus vanellus* (L., 1766) (Fotoğraf: Ömer Necipoğlu)

4.8.5.Familya: Scolopacidae

Calidris alba Pallas, 1764 (Ak Kumkuşu)

Çalışma alanımızda yalnız bir kez 28.04.2010'da Mimar Sinan Köprüsü'nden 3 birey gözlenmiştir. Alandaki statüsü geçit türüdür.

Calidris minuta Leisler, 1812 (Küçük Kumkuşu)

Çalışma alanımızda 14.11.2009'da bir birey, 29.12.2009'da 15 birey, 18.08.2010'da bir birey olmak üzere 3 kez gözlenmiştir. En yüksek sayıya kış aylarında ulaşmıştır. Ağustos ayında görülen bireyin genç olduğu tespit edilmiştir. Alandaki statüsü kış göçmeni ve geçit türüdür (Şekil 4.47).

Şekil 4.47: *Calidris minuta* Leisler, 1812 (Fotoğraf: Ergün Bacak)

Calidris alpina (Linnaeus, 1758) (Karakarınlı Kumkuşu)

Çalışma alanımızda kasım, aralık, ocak ve mart aylarında gözlenmiş ve en yüksek sayıya 30.01.2010'da 460 bireyle ulaşmıştır (Şekil 4.48). Özellikle gölün kuzeyindeki; kış ve bahar aylarında su basan tarlalarda yüksek sayılarda diğer kıyıkuşları ile birlikte beslenirken görülmüşlerdir. Alandaki statüsü kış göçmenidir.

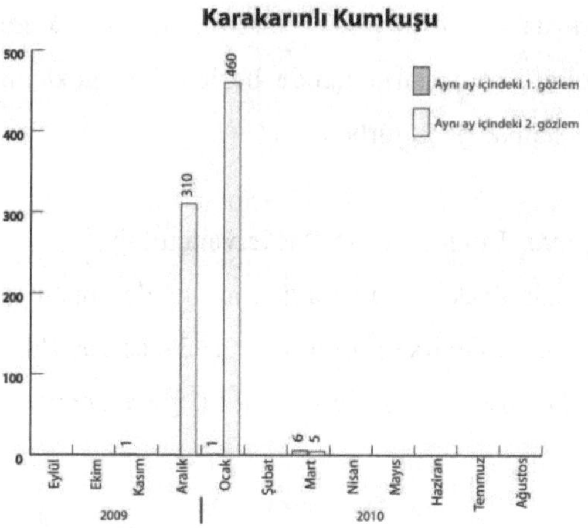

Şekil 4.48: *Calidris alpina* (L., 1758)'nın gözlem günlerine göre sayısı

Philomachus pugnax (Linnaeus, 1758) (Döğüşkenkuş)

Çalışma alanımızın kuzey kısımlarında göç döneminde, güney kısımlarında ise kışın görülen bir türdür. En yüksek sayıya mart ayında ulaşmış ve 17.03.2010'da 554 birey gölün kuzeyindeki su basan tarlalarda beslenirken gözlenmiştir. Alandaki statüsü geçit kuşu ve kış göçmenidir.

Gallinago gallinago (Linnaeus, 1758) (Suçulluğu)

Çalışma alanımızda ekim – ocak ayları arasında gözlenmiştir. Özellikle sazların arasından ani bir şekilde kalkıp, hızlı bir şekilde uzaklaşırken görülmektedir. İnsandan uzakta bulunan küçük adacıklarda dinlenirken de gözlenmiştir. En yüksek sayıya 15.12.2009'da 22 bireyle ulaşmıştır (Şekil 4.49). Alandaki statüsü kış göçmenidir.

Limosa limosa (Linnaeus, 1758) (Çamurçulluğu)

Çalışma alanımızda yalnız bir kez 17.03.2010'da gölün kuzeyinde su basan tarlalarda 43 birey, çamurların içinde beslenirken gözlenmişlerdir (Şekil 4.50). Alandaki statüsü geçit türüdür.

Numenius arquata (Linnaeus, 1758) (Kervançulluğu)

Çalışma alanımızda ocak ve şubat aylarında gözlenmiştir. Genellikle kışın su basan tarlalarda beslenirken görülmüştür. 29.12.2009'da 46 birey ile en yüksek sayıya ulaşmıştır. Alandaki statüsü kış göçmenidir.

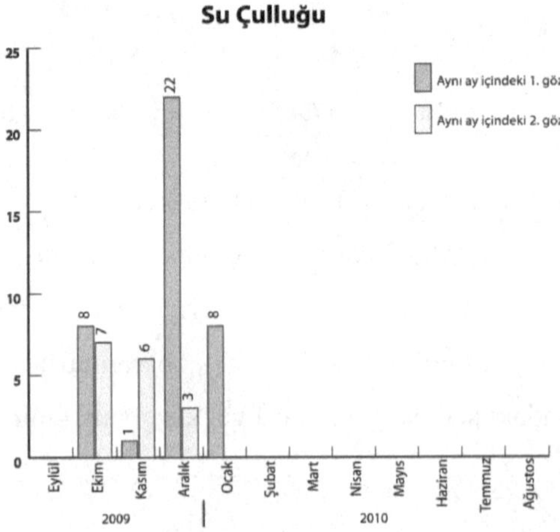

Şekil 4.49: *Gallinago gallinago* (L., 1758)'nun gözlem günlerine göre sayısı

Şekil 4.50: *Limosa limosa* (L., 1758) sürüsü beslenirken (Fotoğraf: Ömer Necipoğlu)

Tringa erythropus (Pallas, 1764) (Kara Kızılbacak)

Çalışmalarımızda kasım – mart ayları arasında alanda gözlenmiştir. En yüksek sayıya 17.01.2010'da 13 bireyle ulaşmıştır (Şekil 4.51). Genellikle *Tringa totanus* (L.) gruplarının arasında beslenirken ya da dinlenirken görülmektedir. Alandaki statüsü kış göçmeni ve geçit türüdür.

Tringa totanus (Linnaeus, 1758) (Kızılbacak)

Çalışma alanımızda nisan – mayıs ayları haricinde her ay görülebilen bir kıyı kuşudur. 11 – 15 bireyden oluşan bir grup, kasım ayının ortasından ocak ayının ortasına kadar bu adacıklarda izlenmiştir (Şekil 4.52). Özellikle Mimar Sinan Köprüsü'nden yapılan gözlemlerde lagünün ortasındaki adacıklarda beslenirken ve dinlenirken gözlenmiştir (Şekil 4.53). Alandaki statüsü kış göçmeni ve geçit türüdür.

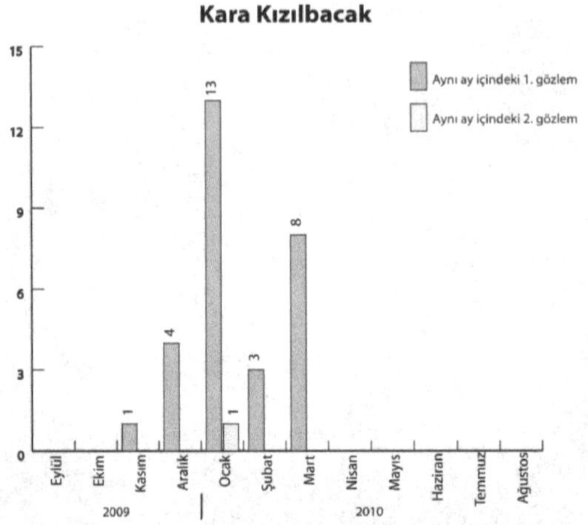

Şekil 4.51: *Tringa erythropus* (Pall., 1764)'un gözlem günlerine göre sayısı

Tringa nebularia (Gunnerus, 1767) (Yeşilbacak)

Çalışma alanımızda eylül – ocak ayları arasında ve temmuz ayında gözlenmiştir. En yüksek sayıya 29.12.2009'da 8 bireyle ulaşmıştır (Şekil 4.54). Alandaki statüsü kış göçmeni ve geçit türüdür.

Tringa ochropus Linnaeus, 1758 (Yeşil Düdükçün)

Çalışma alanımızda eylül, mart, nisan ve temmuz aylarında gözlenmiş bir türdür. Özellikle Mimar Sinan Köprüsü'nden yapılan gözlemlerde sık sık, fakat az sayıda görülmüştür. 17.03.2010 ve 31.03.2010 tarihlerinde 3 bireyle en yüksek sayıya ulaşmıştır. Alandaki statüsü geçit türüdür.

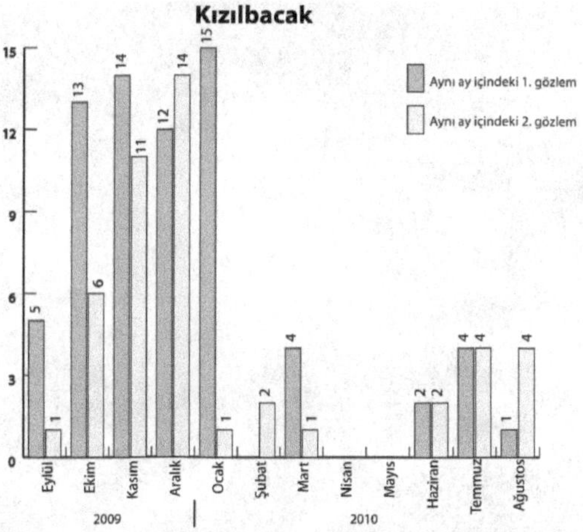

Şekil 4.52: *Tringa totanus* (L., 1758)'un gözlem günlerine göre sayısı

Tringa glareola Linnaeus, 1758 (Orman Düdükçünü)

Çalışma alanımızda ilkbaharda nisan ayında bir kez, sonbaharda ise ağustos ayında bir kez olmak üzere iki kez gözlenmiştir. İlkbaharda 28.04.2010 tarihinde gölün kuzeyindeki su basan tarlalarda 34 birey görülerek en yüksek sayıya ulaşılmıştır. Alandaki statüsü geçit türüdür.

Actitis hypoleucos (Linnaeus, 1758) (Dere Düdükçünü)

Çalışma alanımızda eylül, temmuz ve ağustos aylarında gözlenen bir türdür. Özellikle suyun kıyıya ya da yola yakın bölgelerinde, kumul veya taş üzerinde yalnız dolaşırken, kuyruğunu ya da başını aşağı yukarı oynatırken sık sık görülmüştür. Az sayıda oldukları gözlenmiştir. En yüksek sayıya 18.07.2010 ve 18.08.2010 tarihlerinde 5 bireyle ulaşmıştır. Alandaki statüsü geçit türüdür.

Şekil 4.53: *Tringa totanus* (L., 1758) (Fotoğraf: Ömer Necipoğlu)

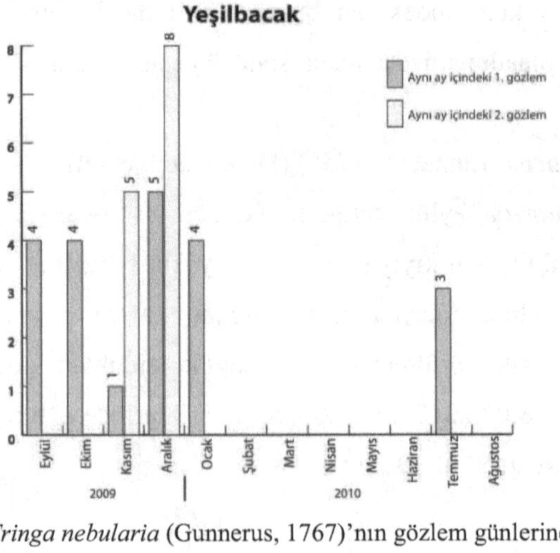

Şekil 4.54: *Tringa nebularia* (Gunnerus, 1767)'nın gözlem günlerine göre sayısı

4.8.6.Familya: Laridae

Ichthyaetus ichthyaetus (Pallas, 1773) (Büyük Karabaş Martı)

Çalışma alanımızda aralık ayının sonundan şubat ayının ortalarında kadar beş kez olmak üzere; 29.12.2009 ve 30.01.2010 tarihlerinde 2 birey, 12.02.2010'da bir birey gözlenmiştir. Genellikle *Larus michahellis* Naumann gruplarının arasında dinlenirken ya da tek olarak uçarken görülmüştür. Alandaki statüsü kış göçmenidir.

Ichthyaetus melanocephalus (Temminck, 1820) (Akdeniz Martısı)

Çalışma alanımızda her ay görülen ender martı türlerinden birisidir. Önceki yıllarda yapılan gözlemlerde alanda kışladığı ve geçit sırasında geçtiği düşünülse de, çalışmalarımız sonucunda alanda ürediği tespit edilmiştir. Gölün güneyindeki lagünün ortasında kalan adacıklarda kuluçkaya yattıkları gözlenmiştir. En az 3 çiftin alanda kuluçkada yattığı ve en az 7 birey yavrunun orada yumurtadan çıktığı görülmüştür. İstanbul için ilk üreme kaydı olmuştur. En yüksek sayıya yaz aylarında ulaşmış ve 01.07.2010 günü 1078 birey sayılmıştır (Şekil 4.55). Alandaki statüsü yerlidir (Şekil 4.56).

Hydrocoloeus minutus (Pallas, 1776) (Küçük Martı)

Çalışma alanımızda ocak ayı haricinde eylül – nisan ayları arasında düzenli olarak gözlenmiştir. Özellikle sabah saatlerinde kuzeyden güneye doğru, akşam saatlerinde ise güneyden kuzeye doğru uçan grupları görmek mümkündür. En yüksek sayıya şubat ayında ulaşmış ve 26.02.2010 günü 90 birey sayılmıştır (Şekil 4.57). Alandaki statüsü kış göçmeni ve geçit türüdür.

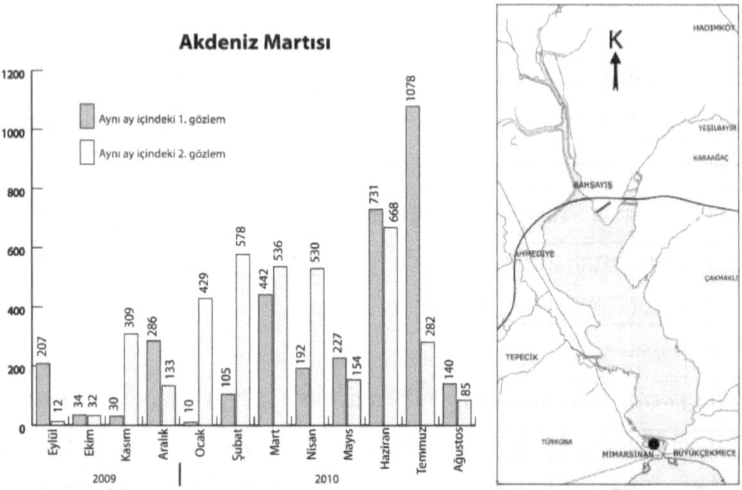

(a) (b)

Şekil 4.55: *Ichthyaetus melanocephalus* (Temminck, 1820) 'un (a) gözlem günlerine göre sayısı ve (b) üreme haritası

Şekil 4.56: *Ichthyaetus melanocephalus* (Temminck, 1820) (Fotoğraf: Serhat Tigrel)

Chroicocephalus ridibundus (Linnaeus, 1766) (Karabaş Martı)

Çalışma alanımızda haziran ayı haricinde her ay en sık ve en yüksek sayılarda görülebilen bir martıdır. Mayıs ve temmuz ayında görülen bireylerin büyük bir kısmını, üreme olgunluğuna varmamış bireyler olduğu, ağustos ayında görülenlerin ise o senenin yavruları olduğu gözlenmiştir. Kış aylarında çok yüksek sayılarda gözlenmiştir. 14.11.2009 günü 13296 birey ile en yüksek sayıya ulaşmıştır, 30.11.2009'da da 9005 birey sayılmıştır (Şekil 4.58). Aralık ayının ortalarından itibaren üreme kıyafetine girmeye başladıkları ve kafalarının koyulaştığı görülmüştür (Şekil 4.59). Alandaki statüsü yerli, kış göçmeni ve geçit türüdür.

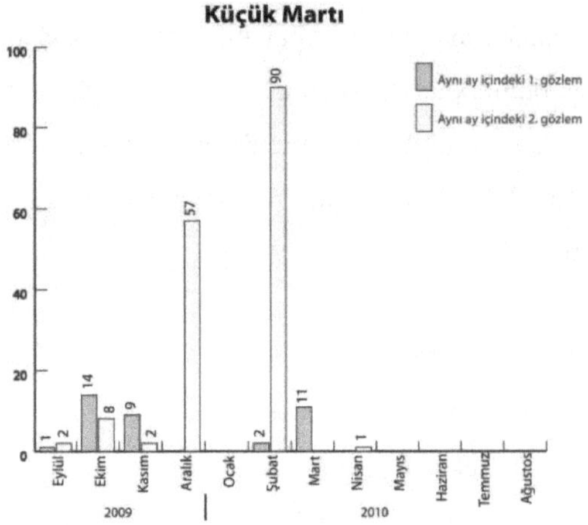

Şekil 4.57: *Hydrocoloeus minutus* (Pall., 1776)'un gözlem günlerine göre sayısı

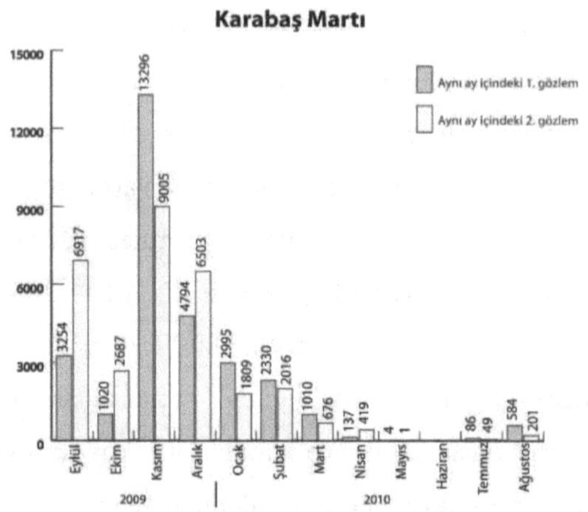

Şekil 4.58: *Chroicocephalus ridibundus* (L., 1766)'un gözlem günlerine göre sayısı

Chroicocephalus genei (Breme, 1839) (İncegagalı Martı)

Çalışma alanımızda ekim ayından şubat ayı sonlarına kadar görülebilen bir türdür. Gözlenen bütün kuşlar, gölün güneyindeki lagün içinde beslenirken gözlenmişlerdir. Gölün diğer bölümlerde bu tür hiç görülmemiştir. En yüksek sayıya 15.12.2009'da 25 bireyle ulaşmıştır (Şekil 4.60). Alandaki statüsü kış göçmenidir.

Larus canus Linnaeus, 1758 (Küçük Gümüş Martı)

Çalışma alanımızda aralık ortasından şubat ayının sonuna kadar gözlenmiş bir türdür. Genellikle tek tek ya da birkaç birey diğer martıların arasında dinlenirken ya da avlanırken görülmüştür. Diğer martıların aksine tarla ya da çayırları dinlenmek için daha fazla tercih etmektedir. En yüksek sayıya 30.01.2010 günü 11 bireyle ulaşmıştır (Şekil 4.61). Alandaki statüsü kış göçmenidir.

Larus fuscus Linnaeus, 1758 (Karasırtlı Martı)

Çalışma alanımızda sadece iki kez, ilkbahar göçü sırasında; nisan ayında görülmüştür. 14.04.2010'da 3 birey ve 28.04.2010'da 2 birey, Gümüş martıların arasında dinlenirken ve beslenirken gözlenmiştir. Alandaki statüsü geçit türüdür.

Şekil 4.59: *Chroicocephalus ridibundus* (L., 1766) (Fotoğraf: Ömer Necipoğlu)

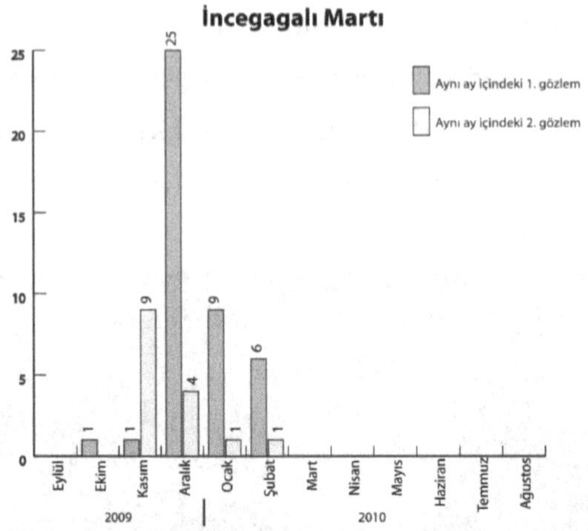

Şekil 4.60: *Chroicocephalus genei* (Breme, 1839)'nin gözlem günlerine göre sayısı

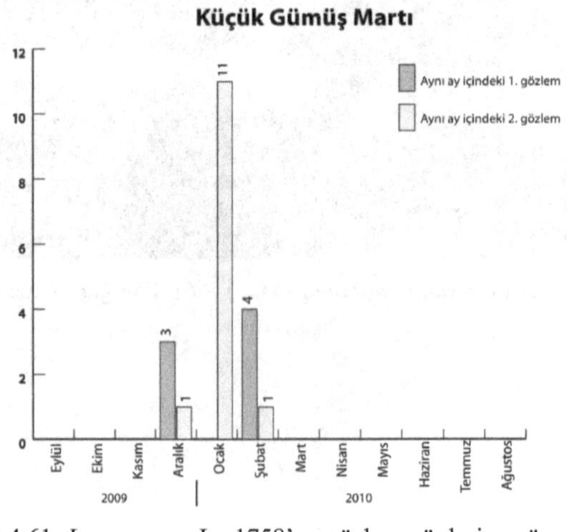

Şekil 4.61: *Larus canus* L., 1758'un gözlem günlerine göre sayısı

Larus michahellis Naumann, 1840 (Gümüş Martı)

Çalışma alanımızda her mevsim bol miktarda görülebilen türlerden birisidir. Özellikle göç zamanında sayıları biraz daha artmaktadır. En yüksek sayıya 28.09.2009 günü 1441 birey ile ulaşmıştır, 18.10.2009'da da 1403 birey sayılmıştır (Şekil 4.62). Genelde gölün güneyinde, lagünün ortasında ortaya çıkan kumul adacıklarda dinlenirken ya da sabah saatlerinde kuzeyden güneye sürüler halinde uçarken gözlenmiştir. Yıl boyu alanda olmasına rağmen üreme davranışı gözlenememiştir. Alandaki statüsü yerli türdür (Şekil 4.63).

Larus cachinnans Pallas, 1811 (Hazar Martısı)
Çalışma alanımızda iki kez ocak ayı içinde gözlenmiştir. 17.01.2010 günü 22 birey, 30.01.2010'da ise 8 birey sayılmıştır. Daha yüksek ve pembemsi bacakları, daha koyu renkli gözleri, daha basık alnı ve daha düz gagasıyla *Larus michahellis* Naumann'ten ayrılır. Alandaki statüsü kış göçmenidir.

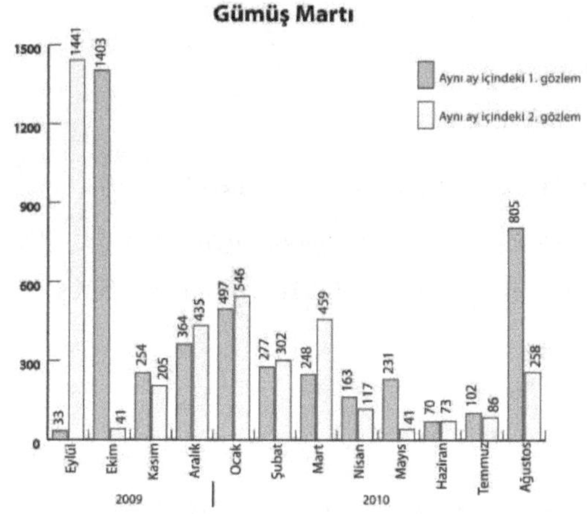

Şekil 4.62: *Larus michahellis* Naumann, 1840'in gözlem günlerine göre sayısı

Şekil 4.63: *Larus michahellis* Naumann, 1840 (Fotoğraf: Serhat Tigrel)

4.8.7.Familya: Sternidae

Gelochelidon nilotica (Gmelin, 1789) (Gülen Sumru)

Çalışma alanımızda nisan ve mayıs aylarında iki kez gözlenmiştir. 28.04.2010'da 10 birey ve 16.05.2010 günü bir birey tespit edilmiştir. Alandaki statüsü geçit türüdür.

Thalasseus sandvicensis (Latham, 1787) (Karagagalı Sumru)

Çalışma alanımızda temmuz ayı haricinde her ay görülebilen, kışın alanda kalan tek sumru türüdür. Özellikle göç zamanlarında sayılarında artma sözkonusudur. En yüksek sayıya 28.04.2010 günü 65 bireyle ulaşmıştır. Gruplar halinde suya dalarak beslenirken görülebilirler. Alandaki statüsü yerli, kış göçmeni ve geçit türüdür.

Sterna hirundo Linnaeus, 1758 (Sumru)

Çalışma alanımızda mart ayından ekim ayı başlarına kadar bulunduğu tespit edilmiştir.En yüksek sayılara ilkbahar aylarında ulaşmış, 28.04.2010 günü 804 birey sayılmıştır. Özellikle gölün güneyinde, lagünde beslenirken ve dinlenirken yüksek sayılarda gözlenmiştir. Alanda üreyen tek sumru türüdür. Mart ayında alana gelmeye başlayan sumrular, nisan ayında ilk yumurtalarını Mimar Sinan Köprüsü'nün yakınında bulunun "Sumru Adası"na bıraktıkları gözlenmiştir. En az 75 çiftin burada kuluçkaya yattığı ve yavruların mayıs ayında yumurtadan çıkıp, haziran ayında uçmaya başladıkları gözlenmiştir. Gölün kuzeyindeki kanal boyundaki bir adacık üzerinde de en az 5 çiftin ürediği görülmüştür. Ayrıca ilk kuluçkadaki yavrularını büyüten ebeveynlerin Akdeniz martılarının ürediği alanda tekrar kuluçkaya yattıkları gözlenmiştir (Şekil 4.64). Alandaki statüsü yaz göçmeni ve geçit türüdür (Şekil 4.65).

Sternula albifrons Pallas, 1764 (Küçük Sumru)

Çalışma alanımızda sonbaharda 15.09.2009 günü 2 birey ve 28.04.2010'da 2 birey olmak üzere iki kez gözlenmiştir. Diğer sumrularla beraber lagündeki kumul adaların üzerinde dinlenirken görülmüştür. Alandaki statüsü geçit türüdür.

Chlidonias hybridus (Pallas, 1811) (Bıyıklı Sumru)

Çalışma alanımızda özellikle sonbahar göçü sırasında daha yoğun olmakla beraber ilkbahar göçünde ve nadir olarak da kışın gözlenmiştir. En yüksek sayıya 28.09.2009 günü 13 bireyle ulaşmıştır (Şekil 4.66). Alandaki statüsü geçit türü ve nadir kış konuğudur.

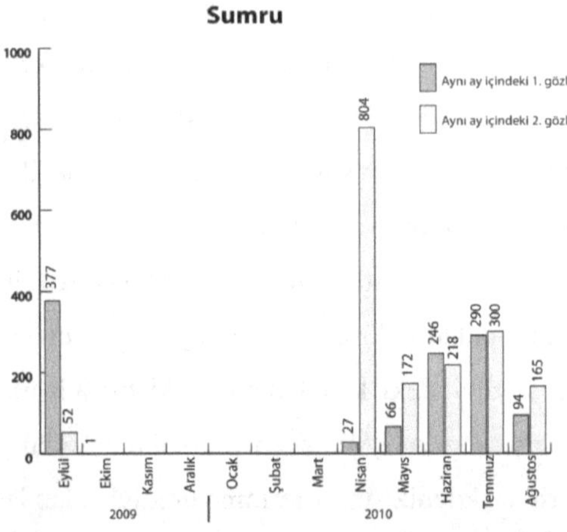

(a)

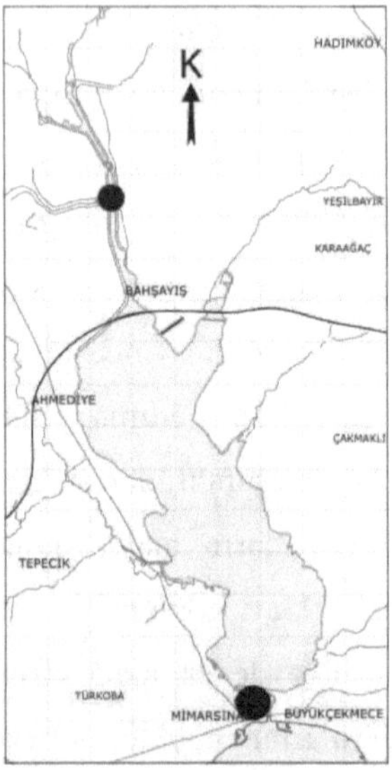

(b)

Şekil 4.64: *Sterna hirundo* L., 1758'nun (a) gözlem günlerine göre sayısı ve (b) üreme haritası

Şekil 4.65: *Sterna hirundo* L., 1758 (Fotoğraf: Serhat Tigrel)

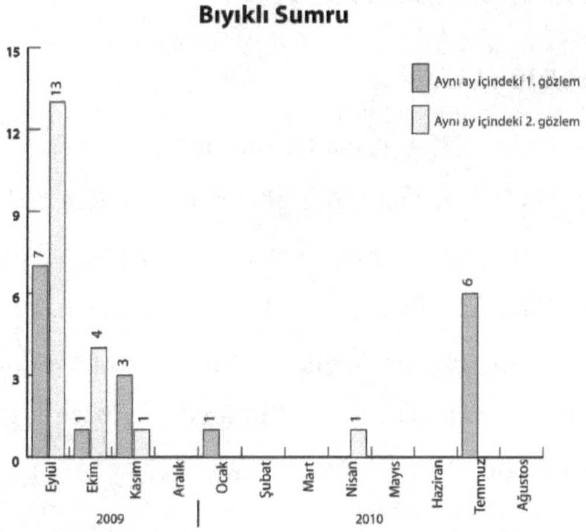

Şekil 4.66: *Chlidonias hybridus* (Pall., 1811)'un gözlem günlerine göre sayısı

Chlidonias niger (Linnaeus, 1758) (Kara Sumru)

Çalışma alanımızda 15.09.2009'da 3 birey ve 28.04.2010'da 2 birey olmak üzere iki kez gözlenmiştir. Göç zamanında diğer sumru sürüleri içerisinde beslenip dinlendikleri ve çalışma alanını bunun için kullandıkları görülmüştür. Alandaki statüsü geçit türüdür.

Chlidonias leucopterus (Temminck, 1815) (Akkanatlı Sumru)

Çalışma alanımızda, diğer bataklık sumrusu olan Kara sumru gibi, eylül ve nisan aylarında gözlenmiştir. 15.09.2009'da bir birey, 14.04.2010'da 2 birey ve 28.04.2010 tarihinde de bir birey tespit edilmiştir. Alandaki statüsü geçit türüdür.

4.9.TAKIM: COLUMBIFORMES

4.9.1.Familya: Columbidae

Columba livia Gmelin, 1789 (Kaya Güvercini)

Çalışma alanımızda her mevsim, her gözlemde görülen türlerden birisidir. Yıl boyu özellikle şehire yakın alanlarda gruplar halinde beslenirken görmek mümkündür. En yüksek sayıya ocak ayında ulaşmış, 17.01.2010 günü 253 birey sayılmıştır. Mimar Sinan Köprüsü'nde ve alanın çevresindeki yerleşimlerde en az 15 çiftin ürediği gözlenmiştir (Şekil 4.67). Alandaki statüsü yerlidir.

Streptopelia decaocto (Frivaldzsky, 1838) (Kumru)

Çalışma alanımızda her ay görülmese de her mevsim az sayıda görülmüştür. Özellikle yerleşimlere yakın yerlerde bu türü her zaman görmek mümkündür fakat ocak ortasından mart ayının ortasına kadar olan gözlemlerde görülmemiştir. En yüksek sayıya ocak ayında ulaşmıştır ve 17.01.2010'da 12 birey sayılmıştır. Özellikle Bahşayış Köyü'nde yüksek sayılarda üredikleri gözlenmiştir. Alandaki statüsü yerlidir.

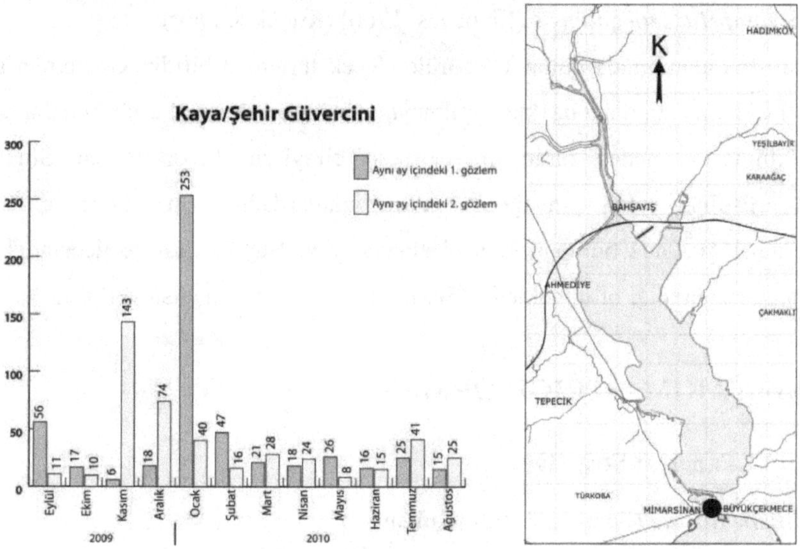

(a) (b)

Şekil 4.67: *Columba livia* Gmelin, 1789'nın (a) gözlem günlerine göre sayısı ve (b) üreme haritası

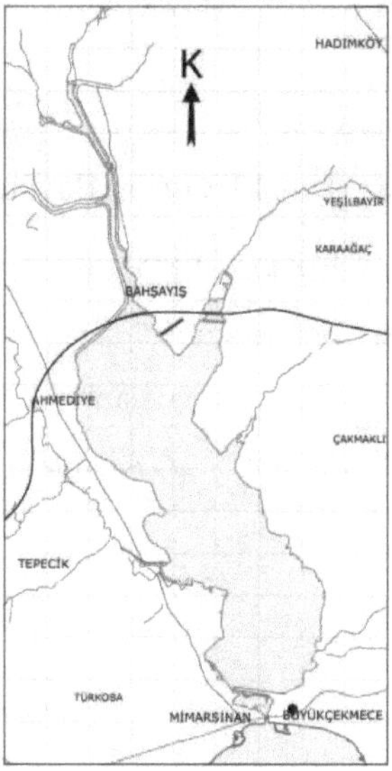

Şekil 4.68: *Streptopelia senegalensis* (L., 1766)'in üreme haritası

Streptopelia senegalensis (Linnaeus, 1766) (Küçük Kumru)

Çalışma alanımızda bütün yıl görülebilecek türlerden biridir. Gözlemlerin kentsel alandan daha uzakta yapılmaya çalışılıyor olması, bu türün daha az görülmesine neden olmuştur. Görülen bireylerin hepsi Mimar Sinan Köprüsü'nün doğu ayağına yakın alanlardadır. Bu türün gölün güneydoğusunda bulunan kentsel alanda, yani Büyükçekmece ilçesindeki yapılarda ürediği bilinmektedir (Şekil 4.68). Alandaki statüsü yerlidir.

4.10.TAKIM: STRIGIFORMES

4.10.1.Familya: Strigidae

Athene noctua (Scopoli, 1769) (Kukumav)

Çalışma alanımızda farklı mevsimlerde az sayıda gözlenmiştir. 01.07.2010 günü görülen 2 birey dışında, diğer gözlemlerde hep bir birey gözlenmiştir. Bahşayış Köyü'nde üremesi muhtemeldir. Alandaki statüsü yerlidir.

Asio otus (Linnaeus, 1758) (Kulaklı Orman Baykuşu)

Çalışma alanımızda yalnız bir kez 14.04.2010 tarihinde bir birey olarak gölün doğusundaki özel bir arazide, servi ve çam ağaçları içinde dinlenirken gözlenmiştir. Faakt çalışma alanımızda yaptığımız gözlemlerde bol miktarda baykuş peleti bulunmuştur. Alandaki statüsü kış göçmenidir.

4.11.TAKIM: APODIFORMES

4.11.1.Familya: Apodidae

Apus apus (Linnaeus, 1758) (Ebabil)

Çalışma alanında nisan – ağustos ayları arasında gözlenmiştir. En yüksek sayıya 28.04.2010 günü 65 birey ile ulaşmıştır. Göç sırasında yüksek sayılarla beslenirken görülmüştür. Aynı zamanda kentsel alanlarda üreyen bireylerin de beslenmek için alanımıza geldikleri gözlenmiştir. Alandaki statüsü yaz göçmeni ve geçit türüdür.

Apus pallidus Shelley, 1870 (Boz Ebabil)

Çalışma alanımızda, sonbaharda 18.10.2009 tarihinde bir birey gözlenmiştir. İlkbahar ve yaz aylarında ise nispeten daha sık ve daha fazla sayıda görülmüştür. En yüksek sayıya 28.04.2010 günü 6 bireyle ulaşmıştır. Bu türü çalışma alanımızın genelinde üremediği, çevresindeki kentsel alanda üreyen ve göç zamanı geçen bireylerin alanda beslendiği gözlenmiştir. Alandaki statüsü yaz göçmeni ve geçit türüdür.

Tachymarptis melba (Linnaeus, 1758) (Akkarınlı Ebabil)

Çalışma alanımızda bu tür ekim ayının ortalarına kadar gözlenmiştir. En geç tarih olarak 18.10.2009 günü 84 birey sayılmıştır. İlkbaharda ise mart ayının ortalarında çalışma alanına geldiği sözlenmiştir. İlk olarak 17 Mart'ta gözlenmiştir, nisan ayında sayıları en yüksek seviyeye ulaşmış ve 14.04.2010'da 615 birey sayılmıştır. Göç sırasında daha kalabalık gruplar oluşturdukları ve bu şekilde sulak alan üzerinde beslendikleri görülmüştür. Alandaki statüsü yaz göçmeni ve geçit türüdür.

4.12. TAKIM: CORACIIFORMES

4.12.1. Familya: Alcedinidae

Alcedo atthis (Linnaeus, 1758) (Yalıçapkını)

Çalışma alanımızda az sayıda fakat sık karşılaşılan türlerden birisidir. Genellikle bir sazın, bir direğin üzerinde dinlenirken veya balık avlamak için havada asılı kalırken gözlenmiştir (Şekil 4.69). Ağustos – ocak ayları arasında düzenli gözlenmiş ve en yüksek sayıya 15.09.2009'da 8 birey ile ulaşmıştır. Alandaki statüsü kış göçmeni ve geçit türüdür.

Şekil 4.69: *Alcedo atthis* (L., 1758) (Fotoğraf: Serhat Tigrel)

4.12.2. Familya: Meropidae

Merops apiaster Linnaeus, 1758 (Arıkuşu)

Çalışma alanımızda eylül, mayıs ve temmuz aylarında toplam üç kez göç ederlerken görülmüştür. En yüksek sayıya mayıs ayında ulaşmış ve 16.05.2010'da 18 birey sayılmıştır. Gözlenen 18 bireyden 16'sı Ahmediye Köyü'nün girişinde, kumul duvarlardaki deliklere girerken görülmüştür. Daha önceki yıllarda o bölgede ürediği bilinen bir koloni varken, çalışmamızın yapıldığı dönemde bir kez üreme alanına uğramışlar, yaptığımız diğer gözlemlerde ise artık alanımızda üremedikleri tespit edilmiştir. Alandaki statüsü yaz göçmeni ve geçit türüdür.

4.13. TAKIM: PICIFORMES

4.13.1. Familya: Picidae

Dendrocopos syriacus (Hemprich and Ehrenberg, 1833) (Alaca Ağaçkakan)

Çalışma alanımızda yıl boyu, az sayıda görülmüştür. Daha çok bahçelerde, genellikle ağaçlarda beslenirken ya da bir ağaçtan diğerine geçiş esnasında gözlenmiştir. Alandaki statüsü yerlidir.

4.14. TAKIM: PASSERIFORMES

4.14.1. Familya: Alaudidae

Calandrella brachydactyla (Leisler, 1814) (Bozkır Toygarı)

Çalışma alanımızda nisan ve temmuz aylarında birer kez olmak üzere toplam iki kez gözlenmiştir. Her iki gözlemde de birer birey görülmüştür. Alandaki statüsü geçit türüdür.

Galerida cristata (Linnaeus, 1758) (Tepeli Toygar)

Çalışma alanımızın farklı bölgelerinde, farklı mevsimlerde az sayıda gözlenmiştir. Özellikle yol kenarında ve açık arazilerde beslendiği görülmüştür. En yüksek sayıya 18.09.2009 günü 3 birey ile ulaşmıştır. Alandaki statüsü yerlidir.

Alauda arvensis Linnaeus, 1758 (Tarlakuşu)

Çalışma alanımızda her mevsim fakat düzensiz olarak gözlenmiştir. En yüksek sayıya 26.02.2010'da 23 birey ile ulaşmıştır (Şekil 4.70). Özellikle buğday tarlalarını ve çayırlık araziyi tercih ettiği görülmüştür (Şekil 4.71). Alandaki statüsü yerli ve geçit türüdür.

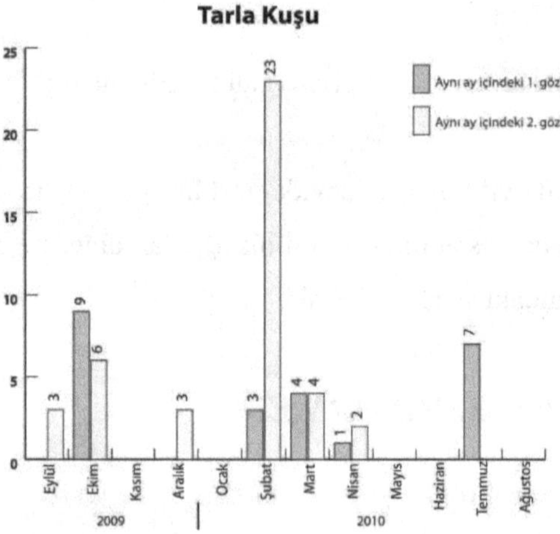

Şekil 4.70: *Alauda arvensis* L., 1758'in gözlem günlerine göre sayısı

Şekil 4.71: *Alauda arvensis* L., 1758 (Fotoğraf: Ömer Necipğlu)

4.14.2.Familya: Hirundinidae

Riparia riparia (Linnaeus, 1758) (Kum Kırlangıcı)

Çalışma alanımızda eylül, nisan ve mayıs aylarında, göç sırasında, nispeten kalabalık gruplar halinde, su üzerinde böcek ve sinek avlarken gözlenmiştir. En yüksek sayıya 15.09.2009'da 25 bireyle ulaşmıştır. Alandaki statüsü geçit türüdür.

Hirundo rustica Linnaeus, 1758 (Kırlangıç)

Çalışma alanımızın her bölgesinde, en yüksek sayılarda ve en sık görülen kırlangıç türüdür. İlkbaharda, mart ayında alana ilk gelen bireyler gözlenirken, eylül sonuna kadar alanda kaldıkları gözlenmiştir. En yüksek sayılara nisan ayında ulaşmış 28.04.2010 tarihinde 375 birey sayılmıştır.

Daha çok binaların bulunduğu tüm gözlem noktalarında ürediği tespit edilmiştir (Şekil 4.72). Alandaki statüsü yaz göçmeni ve geçit türüdür.

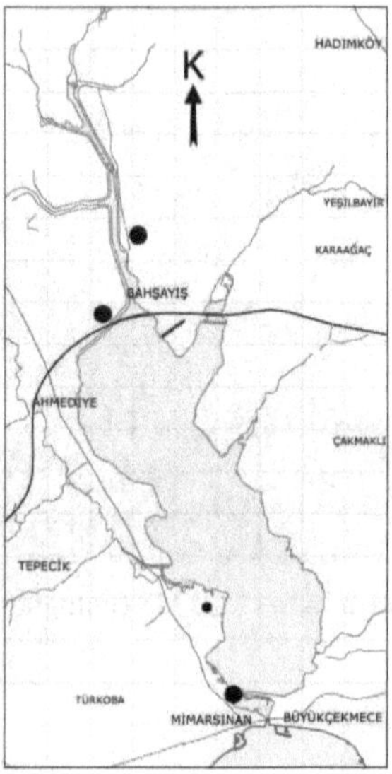

Şekil 4.72: *Hirundo rustica* L., 1758'nın üreme haritası

Delichon urbicum (Linnaeus, 1758) (Ev Kırlangıcı)

Çalışma alanımızda nisan – temmuz ayları arasında, özellikle gölün batısındaki taş ocağında yüksek sayılarda gözlenmiştir. En yüksek sayıya 28.04.2010 günü 91 bireyle ulaşmıştır. Büyükçekmece Gölü'nün güneybatısındaki yapılarda ve batısındaki taş ocaklarında üremesi muhtemeldir (Şekil 4.73). Alandaki statüsü yaz göçmeni ve geçit türüdür.

4.14.3.Familya: Motacillidae

Anthus campestris (Linnaeus, 1758) (Kır İncirkuşu)

Çalışma alanımızda 28.09.2009 ve 16.05.2010 tarihlerinde birer birey olmak üzere iki kez gözlenmiştir, taş ocaklarında ürediği tespit edilmiştir (Şekil 4.74). Alandaki statüsü geçit türü ve yaz göçmenidir (Şekil 4.75).

Anthus pratensis (Linnaeus, 1758) (Çayır İncirkuşu)

Çalışma alanında ekim ayı başlarından şubat ayının ortalarına kadar düzenli olarak, az sayıda görülen bir türdür. Genellikle suya yakın çayırlık alanlarda ve boş arazide birkaç bireyi görmek mümkündür. En yüksek sayıya 14.11.2009'da 4 bireyle ulaşmıştır. Alandaki statüsü kış göçmenidir.

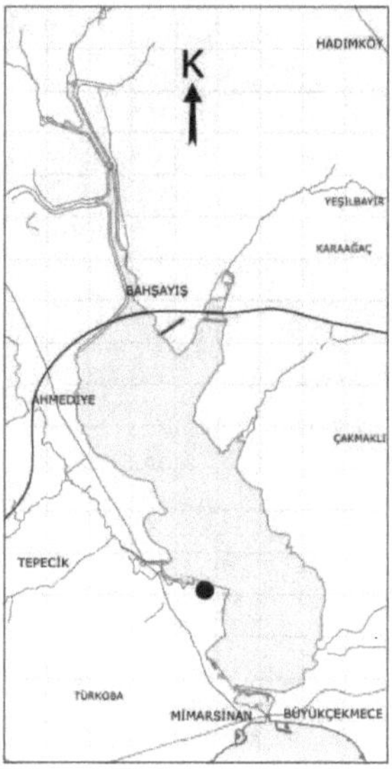

Şekil 4.73: *Delichon urbicum* (L., 1758)'un üreme haritası

Anthus cervinus (Pallas, 1811) (Kızılgerdanlı İncirkuşu)

Çalışma alanımızda yalnız bir kez; ilkbahar göçü sırasında, 28.04.2010 tarihinde bir birey Mimar Sinan Köprüsü çevresinde gözlenmiştir. Alandaki statüsü geçit türüdür.

Anthus spinoletta (Linnaeus, 1758) (Dağ İncirkuşu)

Çalışma alanımızda ekim ayının başından, aralık ayının sonuna kadar, az sayıda; genellikle su kenarlarında ya da suya yakın çayırlık arazide görülmüştür. Yapılan gözlemlerde diğer incirkuşlarına göre suya daha yakın alanlarda tespit edilmiştir. Alandaki statüsü kış göçmenidir.

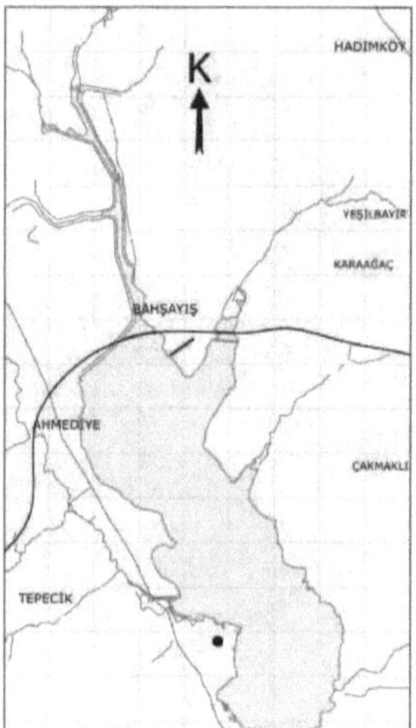

Şekil 4.74: *Anthus campestris* (L., 1758)'in üreme haritası

Şekil 4.75: *Anthus campestris* (L., 1758) (Fotoğraf: Ömer Necipoğlu)

Motacilla flava Linnaeus, 1758 (Sarı Kuyruksallayan)

Çalışma alanımızda bahar ve yaz aylarında görülebilen bir türdür. Sonbaharda en son eylül sonunda görülen *M. flava*, ilkbaharda mart ortasından itibaren alanda görülmeye başlamıştır. Genellikle boyu yüksek olan otluk alanlarda ve buğday tarlalarında, sonbahar ve ilkbahar göçü sırasında sürüler halinde görülür; 15.09.2009 günü 157 birey ve 28.04.2010'da da 104 birey sayılmıştır. Sürülerin içinde farklı alttürlere ait bireylerin olduğu da gözlenmiştir. Alanda yaz aylarında az miktarda kaldıkları ve üredikleri görülmüş ve üreyen bireylerin tamamının *M. flava feldegg* alttürü olduğu tespit edilmiştir. Özellikle buğday tarlalarında ve gölün güneyindeki lagünün ortasında ki adada Akdeniz martısı ve Sumrularla birlikte üredikleri gözlenmiştir (Şekil 4.76). Alandaki statüsü yaz göçmeni ve geçit türüdür (Şekil 4.77).

Motacilla cinerea Tunstall, 1771 (Dağ Kuyruksallayanı)

Çalışma alanımızda eylül ayının ortasından şubat ayının ortalarına kadar, sık sık ama az sayıda, genellikle suya çok yakın alanlarda ve insan yerleşimleri çevresinde gözlenmiştir. Alandaki statüsü kış göçmenidir.

Motacilla alba Linnaeus, 1758 (Ak Kuyruksallayan)

Çalışma alanımızda en sık ve en bol sayıda görülen kuyruksallayan türüdür. Özellikle göç mevsiminde çok yüksek sayılara ulaşmakta, mart ayında ise sayıları zirve yapmaktadır. 17.03.2010 günü 378 birey ile en yüksek sayıya ulaşmıştır. Genellikle nadasa bırakılan tarlalar ve açık arazilerde sürüler halinde beslenirken gözlenmişlerdir. Alandaki statüsü geçit türü ve nadir kış göçmenidir.

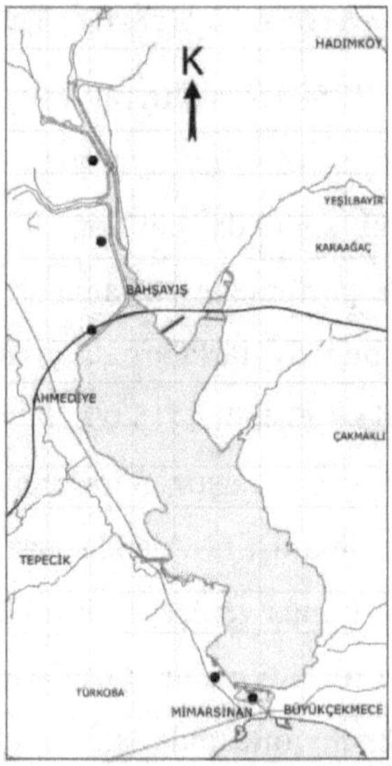

Şekil 4.76: *Motacilla flava* L., 1758'nın üreme haritası

Şekil 4.77: *Motacilla flava* L., 1758 (Fotoğraf: Ömer Necipoğlu)

4.14.4.Familya: Troglodytidae

Troglodytes troglodytes (Linnaeus, 1758) (Çıtkuşu)

Çalışma alanımızda kasım – şubat ayları arasında, genellikle sazlıkların veya çalılıkların arasında ya da su kenarında gözlenmiştir. En yüksek sayıya 15.12.2009 ve 12.02.2010 tarihlerinde 3 bireyle ulaşmıştr. Statüsü kış göçmenidir.

4.14.5.Familya: Prunellidae

Prunella modularis (Linnaeus, 1758) (Dağbülbülü)

Çalışma alanımızda yalnız bir kez, gölün güneyindeki lagünün etrafındaki sazlıklarda, 30.01.2010 tarihinde 2 bireyin beslendiği görülmüştür. Alandaki statüsü kış göçmenidir.

4.14.6.Familya: Turdidae

Erithacus rubecula (Linnaeus, 1758) (Kızılgerdan)

Çalışma alanımızda eylül – ocak ayları arasında, sıkça görülmüş bir türdür. Kasım ayında sayıları yükselmiş, kasımdan ocak ayına kadar ise yavaş yavaş azalmıştır. Genellikle sazlıkların ve çalılıkların dibinde ve bahçelerde gözlenmiştir. Alandaki statüsü kış göçmenidir (Şekil 4.78).

Luscinia megarhynchos (Brehm, 1831) (Bülbül)

Çalışma alanımızda nisan ayının ortalarından temmuz ayının başlarına kadar, düzenli olarak, fakat az sayıda, her gözlem alanında görülmüştür. Alanda üreyen ötücü kuşlardandır (Şekil 4.79). Genellikle sazlık veya çalılık alanlarda, bahçelerde ve kanal boylarında öterken seslerinden yerleri tespit edilmiştir (Şekil 4.80). Alandaki statüsü yaz göçmenidir.

Şekil 4.78: *Erithacus rubecula* (L., 1758) (Fotoğraf: Ergün Bacak)

Phoenicurus ochruros (Gmelin, 1774) (Kara Kızılkuyruk)

Çalışma alanımızda kasım – şubat ayları arasında, özellikle kentsel alanlar civarında, kayalık ve açık arazilerde düzenli olarak gözlenmiştir. En yüksek sayıya 29.12.2009 günü 3 bireyle ulaşmıştır. Alandaki statüsü kış göçmenidir.

Saxicola rubetra (Linnaeus, 1758) (Çayır Taşkuşu)

Çalışma alanımızda yalnız bir kez, 15.09.2009'da bir birey, gölün güneyinde sazlıklarda gözlenmiştir. Alandaki statüsü geçit türüdür.

Saxicola rubicola (Linnaeus, 1766) (Taşkuşu)

Çalışma alanımızda ekim – mart ayları arasında gözlenmiştir. Genellikle sazlıklarda, bir sazın tepesine tünemiş şekilde görülmektedir. En yüksek sayıya 14.11.2009'da 7 bireyle ulaşmıştır. Alandaki statüsü kış göçmenidir.

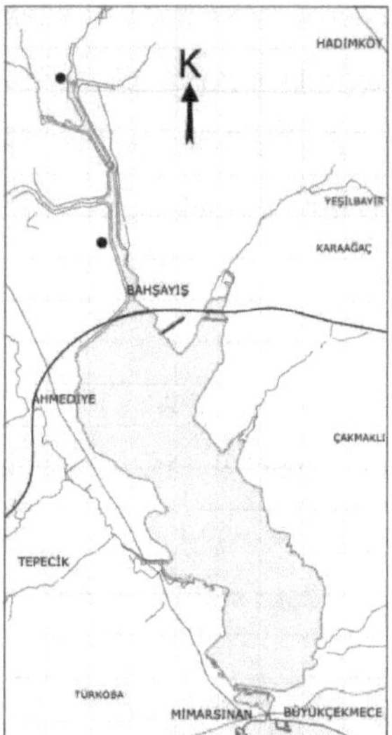

Şekil 4.79: *Luscinia megarhynchos* (Brehm, 1831)'un üreme haritası

Şekil 4.80: *Luscinia megarhynchos* (Brehm, 1831) (Fotoğraf: Ömer Necipoğlu)

Oenanthe oenanthe (Linnaeus, 1758) (Kuyrukkakan)

Çalışma alanımıza mart ayında geldiği gözlenen bu tür, mart – temmuz ayları arasında, özellikle kayalık bölgeler ve açık alanlarda, az sayıda görülmüştür (Şekil 4.81). En yüksek sayıya 31.05.2010'da 6 bireyle ulaşmıştır. Alandaki statüsü yaz göçmenidir.

Turdus merula Linnaeus, 1758 (Karatavuk)

Çalışma alanımızda ekim – mart ayları arasında, az sayıda ve düzensiz olarak gözlenmiştir. Genellikle sazlıkların arasında beslenirken ya da bahçelerde görülmüştür. Alandaki statüsü kış göçmenidir.

Turdus pilaris Linnaeus, 1758 (Tarla Ardıcı)

Çalışma alanımızda yalnız bir kez, 31.10.2009 tarihinde 5 birey olarak, bahçelerde ve seyrek ağaçlı alanlarda gözlenmiştir (Şekil 4.82). Alandaki statüsü kış göçmeni ve geçit türüdür.

Turdus philomelos Brehm, 1831 (Öter Ardıç)

Çalışma alanımızda 28.09.2009'da 2 birey, 17.03.2010 günü 3 birey ve 31.03.2010'da bir birey olmak üzere üç kez gözlenmiştir. Daha çok sazlıkların arasında beslenirken ya da uçarken görülmüştür. Alandaki statüsü geçit türüdür.

Turdus iliacus Linnaeus, 1766 (Kızıl Ardıç)

Çalışma alanımızda sadece bir kez, 31.10.2009 tarihinde 3 birey gözlenmiştir. Alandaki statüsü geçit türüdür.

Şekil 4.81: *Oenanthe oenanthe* (L., 1758) (Fotoğraf: Ergün Bacak)

Şekil 4.82: *Turdus pilaris* L., 1758 (Fotoğraf: Serhat Tigrel)

Turdus viscivorus Linnaeus, 1758 (Ökse Ardıcı)

Çalışma alanımızda yalnız bir kez, 31.10.2009'da 15 birey olarak gözlenmiştir. Alandaki statüsü geçit türüdür.

4.14.7.Familya: Sylvidae

Cettia cetti (Temminck, 1820) (Kamışbülbülü)

Çalışma alanımızda yıl boyu, az sayıda görülen bir türdür. Genellikle suya yakın sazlık alanlarda, kış aylarında dahi, yüksek sesli ve aniden başlayan ötüşü duyularak tespit edilmiştir. En yüksek sayıya 01.07.2010'da 6 birey ile ulaşmıştır. Gölün batısındaki kanalların etrafındaki sazlıklarda ve çalışma alanımızın kuzeyinde ürediği gözlenmiştir (Şekil 4.83). Alandaki statüsü yerli türdür.

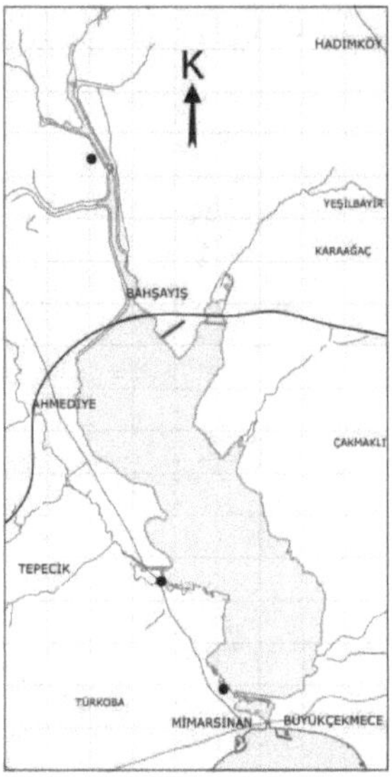

Şekil 4.83: *Cettia cetti* (Temminck, 1820)'nın üreme haritası

Acrocephalus scirpaceus (Hermann, 1804) (Saz Kamışçını)

Çalışma alanımızda sonbaharda eylül ayına kadar görülebilen bir türdür. Alana nisan ayının sonlarında geldiği tespit edilen Saz kamışçını; mayıs, haziran ve temmuz ayları boyunca sazlık alanlarda gözlenmiştir (Şekil 4.84). En yüksek sayıya 31.05.2010'da 12 birey ile ulaşmıştır. Özellikle üreme ötüşü sırasında, sazların en üstüne çıkıp öterlerken sıkça görülür (Şekil 4.85). Alandaki statüsü yaz göçmenidir.

Acrocephalus arundinaceus (Linnaeus, 1758) (Büyük Kamışçın)

Çalışma alanımızda nisan – ağustos ayları arasında gözlenen bir türdür. Özellikle sazların, söğütlerin ve ılgınların bir arada bulunduğu alanlarda daha yüksek sayılarda gözlenmiştir. Bulunduğu yeri, bir sazın üstüne çıkıp, kurbağa vıraklamasına benzer bir ötüşle belli ederken görülmüştür. En yüksek sayıya 01.07.2010'da 21 birey ile ulaşmıştır. Alandaki statüsü yaz göçmenidir.

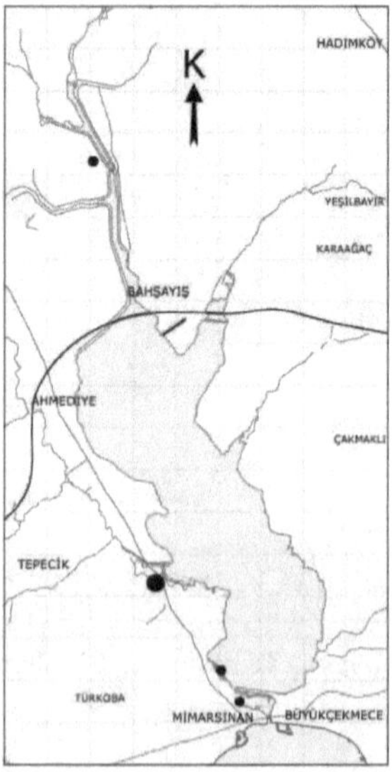

Şekil 4.84: *Acrocephalus scirpaceus* (Hermann, 1804)'un üreme haritası

Şekil 4.85: *Acrocephalus scirpaceus* (Hermann, 1804) (Fotoğraf: Ömer Necipoğlu)

Hippolais pallida **(Hemprich ve Ehrenberg, 1833) (Ak Mukallit)**

Çalışma alanımızda mayıs ayının ortasından ağustos ayına kadar gözlenmiş bir türdür. Genellikle bahçelerde ve seyrek ağaçlı alanlarda, düzenli olarak gözlenmiştir (Şekil 4.86). En yüksek sayıya temmuz ayında ulaşmış ve 18.07.2010 günü 15 birey sayılmıştır. Alandaki statüsü yaz göçmenidir.

Sylvia communis Latham, 1787 (Akgerdanlı Ötleğen)

Çalışma alanımızda nisan ayının ortasından haziran ayının sonlarına kadar, özellikle böğürtlenlerin bulunduğu çalılıklarda ve bahçelerde sıkça gözlenmiştir (Şekil 4.87). En yüksek sayıya 28.04.2010'da 5 bireyle ulaşmıştır. Alandaki statüsü yaz göçmenidir.

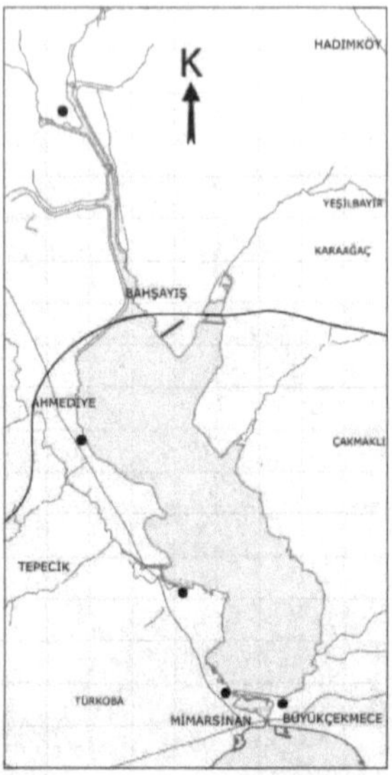

Şekil 4.86: *Hippolais pallida* (Hemprich ve Ehrenberg, 1833)'nın üreme haritası

Phylloscopus sibilatrix (Bechstein, 1793) (Orman Çıvgını)

Çalışma alanımızda yalnız bir kez, 14.04.2010'da bir birey olarak, gölün doğusundaki servi ve çam ağaçlarının bulunduğu bahçelik bir alanda gözlenmiştir. Alandaki statüsü geçit türüdür.

Phylloscopus collybita (Vieillot, 1817) (Çıvgın)

Çalışma alanımızda kasım – mart ayları arasında, az sayıda, düzensiz olarak gözlenmiştir. Genellikle söğüt ağaçlarında ve sazlarda beslenirken, hızlı bir şekilde hareket edip besin ararken görülmüştür. Alandaki statüsü kış göçmenidir.

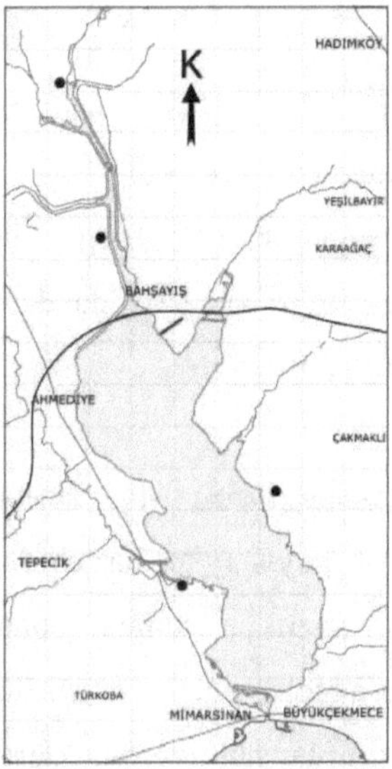

Şekil 4.87: *Sylvia communis* Latham, 1787'in üreme haritası

Phylloscopus trochilus (Linnaeus, 1758) (Söğütbülbülü)

Çalışma alanımızda eylül ayı boyunca ve ekim ayının başlarında göç sırasında gözlenmiştir. Genellikle yüksek boylu otların ve çalıların arasında beslenirken görülmüştür. 15.09.2009'da 19 bireyle en yüksek sayıya ulaşmıştır. Alandaki statüsü geçit türüdür.

4.14.8.Familya: Muscicapidae

Muscicapa striata (Pallas, 1764) (Benekli Sinekkapan)

Çalışma alanımızda eylül ayında iki kez, ağustos ayında bir kez olmak üzere üç kez görülmüştür. Genellikle türe özgü olan ağacın bir noktasından uçup avlandıktan sonra tekrar aynı noktaya dönme hareketini yaparken gözlenmiştir. Alandaki statüsü geçit türüdür.

4.14.9. Familya: Paridae

Poecile palustris (Linnaeus, 1758) (Kayın Baştankarası)

Çalışma alanımızda yalnızca iki kez, gölün kuzeyindeki kanalın kenarlarında ve gölün güneyindeki söğüt ağaçlarında görülmüştür. 31.10.2009 günü 2 birey ve 17.03.2010'da da bir birey kaydedilmiştir. Alandaki statütüs kış göçmenidir.

Cyanistes caeruleus (Linnaeus, 1758) (Mavi Baştankara)

Çalışma alanımızda nisan - mayıs ayları haricinde, düzenli olarak gözlenen bir türdür. Kış aylarında sazlıklar içinde, bahar ve yaz aylarında ise genellikler bahçelerde ve ağaçlık alanlarda görülmüştür (Şekil 4.88). Kış aylarında daha kalabalık gruplar halinde oldukları gözlenmiş ve en yüksek sayıya 17.01.2010'da 30 bireyle ulaşmıştır. Alandaki statüsü yerlidir (Şekil 4.89).

Parus major Linnaeus, 1758 (Büyük Baştankara)

Çalışma alanımızda bu tür yıl boyu düzenli olarak, bahçelerde ve ağaçlık alanlarda gözlenmiştir. Sonbahar ve kış aylarında daha yüksek sayılara ulaştığı görülmüştür. En yüksek sayıya 18.10.2009'da 31 bireyle ulaşmıştır. Alandaki statüsü yerlidir.

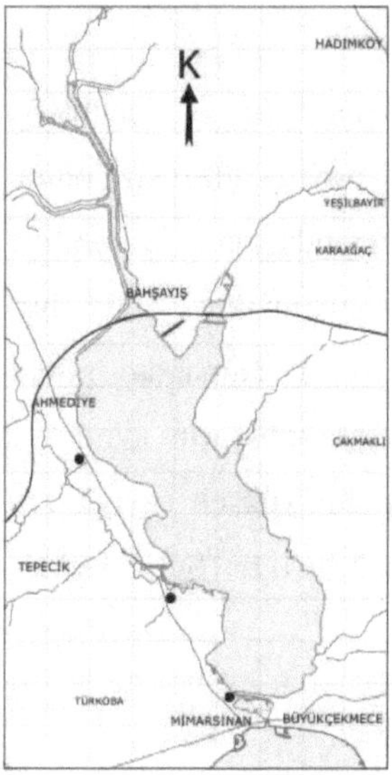

Şekil 4.88: *Cyanistes caeruleus* (L., 1758)'un üreme haritası

Şekil 4.89: *Cyanistes caeruleus* (L., 1758) (Fotoğraf: Serhat Tigrel)

4.14.10.Familya: Remizidae

Remiz pendulinus (Linnaeus, 1758) (Çulhakuşu)

Çalışma alanımızda yıl boyu, düzensiz olarak, genelde az sayılarda gözlenmiştir. Sazlıklar arasında genelde kendine özgü tiz sesi duyularak tespit edilmiştir. Çalışma alanın kuzeyinde, bir çift söğüt ağacına yuva yaparken görülmüştür. Aynı zamanda gölün batısındaki taş ocağı civarındaki kanal boyunda, sazlıkların içindeki söğüt ağaçlarında yuvası görülmüştür (Şekil 4.90). En yüksek sayıya 18.07.2010 günü 11 bireyle ulaşmıştır. Alandaki statüsü yerlidir (Şekil 4.91).

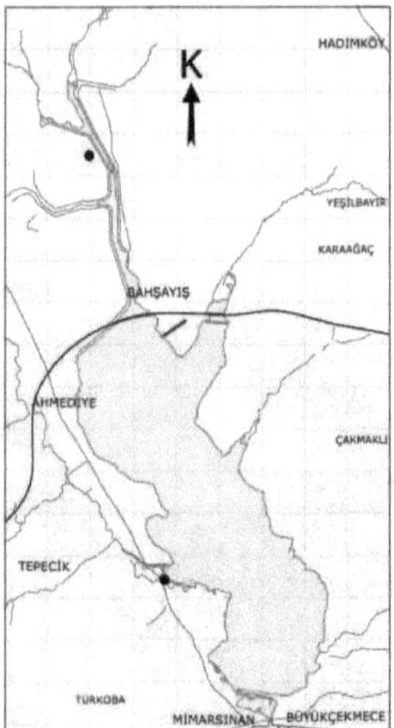

Şekil 4.90: *Remiz pendulinus* (L., 1758)'un üreme haritası

Şekil 4.91: *Remiz pendulinus* (L., 1758) (Fotoğraf: Ömer Necipoğlu)

4.14.11.Familya: Oriolidae

Oriolus oriolus (Linnaeus, 1758) (Sarıasma)

Çalışma alanımızda yalnız iki kez gözlenmiş ve özellikle gölün kuzeyindeki ağaçlık ve çalılık araziyi tercih ettiği görülmüştür. 28.04.2010'da bir birey ve 31.05.2010 günü de 2 birey kayda alınmıştır. Alandaki statüsü yaz göçmeni ve geçit türüdür.

4.14.12.Familya: Laniidae

Lanius collurio Linnaeus, 1758 (Kızılsırtlı Örümcekkuşu)

Çalışma alanımıza ilkbaharda mayıs ortalarında gelen bu tür, sonbaharda ekim ortasına kadar alanda gözlenmiştir. Genellikle küçük çalıların, uzun boylu otların ya da ağaççıkların tepelerinde görülmüştür. Göç zamanında sayılarında artış görülmüş ve 15.09.2009'da 27 bireyle en yüksek sayıya ulaşmıştır.

Lanius minor Gmelin, 1788 (Karaalınlı Örümcekkuşu)

Çalışma alanımızda yalnız bir kez, 15.09.2009'da 2 birey olarak gözlenmiştir. Alandaki statüsü geçit türüdür.

4.14.13.Familya: Corvidae

Garrulus glandarius (Linnaeus, 1758) (Alakarga)

Çalışma alanımızda yalnız bir kez, 31.03.2010'da gölün batısında 2 birey olarak gözlenmiştir. Alandaki statüsü görülen yerli türdür.

Pica pica (Linnaeus, 1758) (Saksağan)

Çalışma alanımızın her bölgesinde, her mevsim bol miktarda gözlenmiş bir türdür. Daha çok gölün batısında bu gruplara rastlanmış ve bazı zaman bu sürülerin 75 bireyi bulabildiği gözlenmiştir. En yüksek sayıya 17.03.2010'da 127 birey ile ulaşılmıştır. Genellikle söğüt ve kavak ağaçlarını yuva olarak tercih ettikleri ve gölün tamamında üredikleri gözlenmiştir (Şekil 4.92). Özellikle kış aylarında kalabalık sürüler oluşturdukları ve çöplerin bulunduğu yerlerde beslendikleri görülmüştür (Şekil 4.93). Alandaki statüsü yerlidir.

Coloeus monedula (Linnaeus, 1758) (Küçük Karga)

Çalışma alanımızda yıl boyu her alanda çok sayıda görülen kuşlardan biridir. Özellikle kış aylarında kalabalık gruplara rastlanmıştır. En yüksek 30.01.2010'da 388 bireyle ulaşmıştır. Gölün güneyindeki Mimar Sinan

Köprüsü'nde ve doğusundaki taş ocaklarında kalabalık gruplar halinde üredikleri tespit edilmiştir (Şekil 4.94). Alandaki statüsü yerlidir.

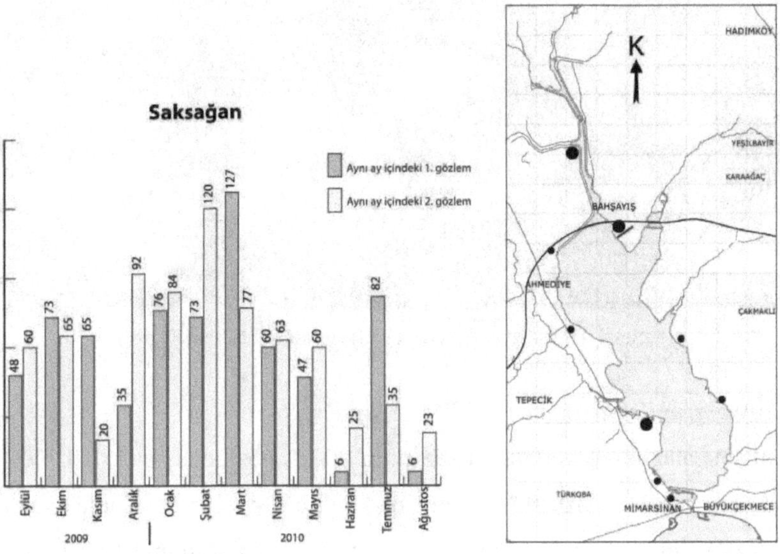

(a) (b)

Şekil 4.92: *Pica pica* (L., 1758)'nın (a) gözlem günlerine göre sayısı ve (b) üreme haritası

Şekil 4.93: *Pica pica* (L., 1758) (Fotoğraf: Serhat Tigrel)

Corvus frugilegus Linnaeus, 1758 (Ekin Kargası)

Çalışma alanımızda yalnız iki kez ekim ayında gözlenmiştir. 18.10.2009'da bir birey ve 31.10.2009 günü de bir birey Küçük Karga ve Leş Kargaları'nın arasında, açık arazide beslenirken görülmüştür. Alandaki statüsü kış göçmeni ve geçit türüdür.

Corvus cornix Linnaeus, 1758 (Gri Leş Kargası)

Çalışma alanımızın her bölgesinde, her mevsimde, yaptığımız tüm gözlemlerde görülen bir türdür. İlkbahar ve yaz aylarında genelde çiftler halinde gözlenirken, kışın Küçük kargalar ve Saksağanlarla beraber sürüler halinde, genelde açık arazideki çöplerin çevresinde gözlenmiştir. Yuvalanmak için uygun ağaç bulunan her yerde yuvaları tespit edilmiştir. En yüksek sayıya 28.04.2010'da 29 bireyle ulamıştır (Şekil 4.95). Alandaki statüsü yerlidir.

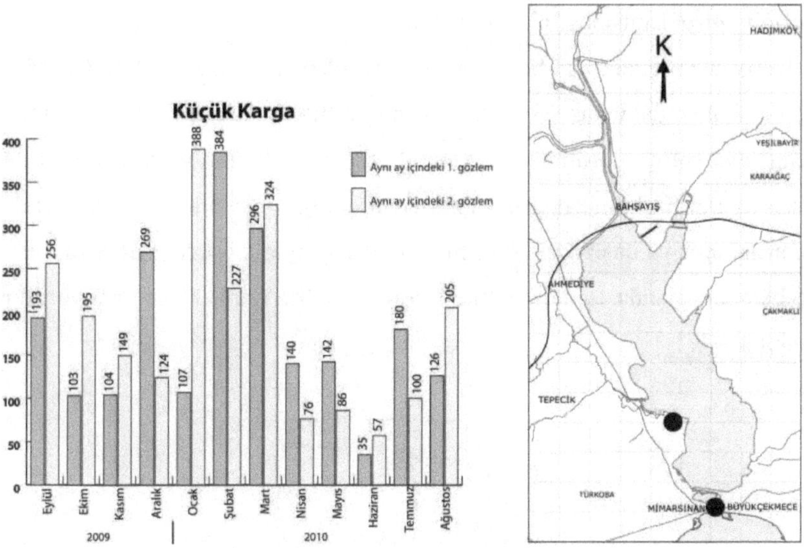

(a) (b)

Şekil 4.94: *Coloeus monedula* (L., 1758)'nın (a) gözlem günlerine göre sayısı ve (b) üreme haritası

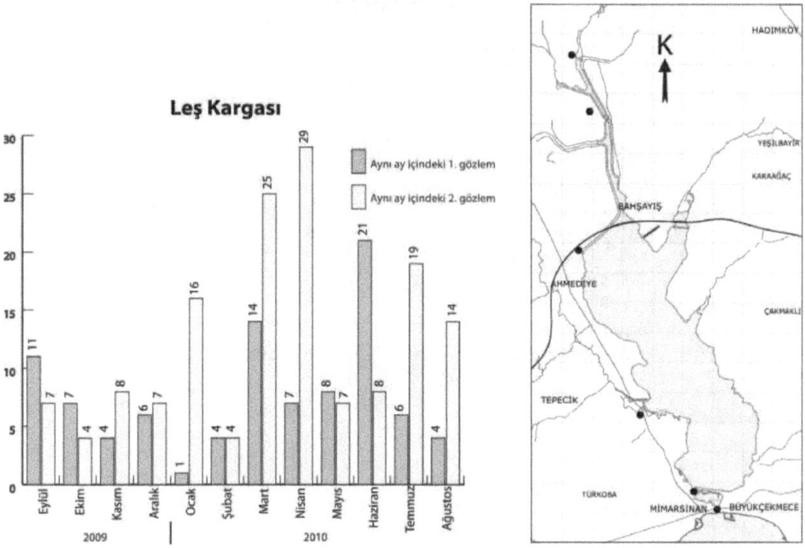

(a) (b)

Şekil 4.95: *Corvus cornix* L., 1758'in (a) gözlem günlerine göre sayısı ve (b) üreme haritası

Corvus corax Linnaeus, 1758 (Kuzgun)

Çalışma alanımızda yıl boyu, az sayıda gözlenmiş bir türdür. Çalışma alanın batısındaki taş ocaklarında bir çiftin şubat ayının sonlarında kuluçkaya yattığı görülmüştür (Şekil 4.96). Yavrularının martın sonları ile nisan ayının başlarına doğru yumurtadan çıktığı, mayıs ayının ortalarında ise artık uçmaya başladığı gözlenmiştir. Mayıs ayının ortalarında 3 yavrusu ile beraber, alanda toplam 5 birey görülmüştür. Alandaki statüsü yerlidir (Şekil 4.97).

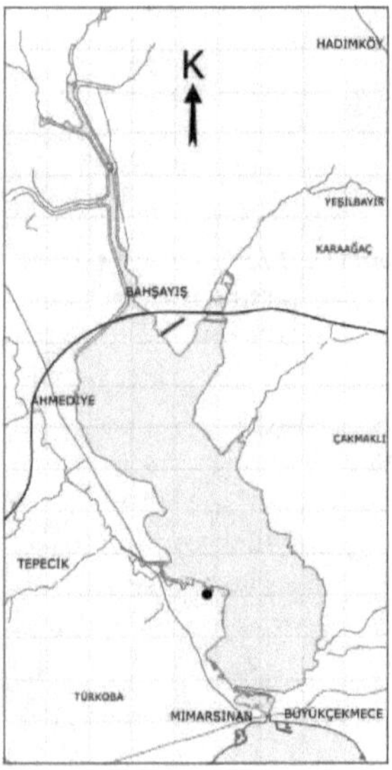

Şekil 4.96: *Corvus corax* L., 1758'ın üreme haritası

Şekil 4.97: *Corvus corax* L., 1758 (Fotoğraf: Serhat Tigrel)

4.14.14. Familya: Sturnidae

Sturnus vulgaris Linnaeus, 1758 (Sığırcık)

Çalışma alanımızda yıl boyu, düzensiz olarak gözlenmiş bir türdür. Kış aylarında sayılarının arttığı ve büyük gruplar oluşturduğu gözlenmiştir. 29.12.2009'da 13525 bireylik oldukça büyük bir populasyon kayda alınmıştır. Genel olarak şehre yakın yerlerde, binalarda ve uygun oyuk bulunan ağaçlarda az sayıda ürediği gözlenmiştir (Şekil 4.98). Alandaki statüsü yerli ve kış göçmenidir.

Sturnus roseus (Linnaeus, 1758) (Ala Sığırcık)

Çalışma alanımızda yalnız bir kez, 31.05.2010'da 6 birey, gölün kuzeyinde kanal boyundaki söğüt ağaçlarında gözlenmiştir. Alandaki statüsü geçit kuşudur.

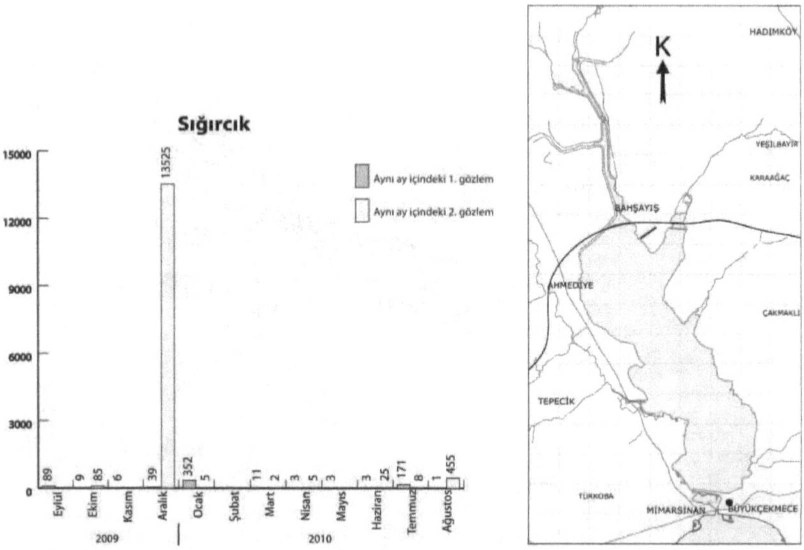

(a) (b)

Şekil 4.98: *Sturnus vulgaris* L., 1758'in (a) gözlem günlerine göre sayısı ve (b) üreme haritası

4.14.15.Familya: Passeridae

Passer domesticus (Linnaeus, 1758) (Serçe)

Çalışma alanımızda yıl boyu, tüm alanlarda çok sayıda görülebilen bir türdür. Sonbahar aylarında grup oluşturdukları ve sayılarının arttığı gözlenmiştir. İnsan yapılarının bulunduğu kentsel alanlarda kalabalık halde üredikleri görülmüştür. En yüksek sayıya 28.09.2009'da 426 bireyle ulaşmıştır (Şekil 4.99). Alandaki statüsü yerlidir (Şekil 4.100).

Passer hispaniolensis (Temmick, 1820) (Söğüt Serçesi)

Sulak tarım arazileri ve küçük yerleşimlerde bulunur, ağaçlarda ve leylek yuvalarını, yuvalama alanı olarak kullanırlar.Çalışmamızda nisan ayının sonundan temmuz ayının sonlarına kadar, araştırma alanımızda gözlenmiştir. Özellikle çalışma alanının kuzeyindeki Bahşayış Köyü'nde leylek yuvalarının altında onlarcasının ürediği görülmüştür (Şekil 4.101). En yüksek sayıya 28.04.2010'da 305 bireyle ulaşmıştır. Alandaki statüsü yaz göçmenidir.

Passer montanus (Linnaeus, 1758) (Ağaç Serçesi)

Çalışma alanımızda yıl boyu düzensiz olarak gözlenmiştir. Kışın nispeten kalabalık sürüler oluşturdukları ve sürülerin genelde kısa boylu otların bulunduğu açık alanlarda İspinozlar ve Serçeler ile birlikte beslendikleri görülmüştür. Alanın güneyindeki kentsel bölgelerde, Serçeler ile birlikte yapıların çatılarında yuvalandıkları tespit edilmiştir (Şekil 4.102). En yüksek sayıya 17.01.2010'da 33 bireyle ulaşmıştır. Alandaki statüsü yerlidir (Şekil 4.103).

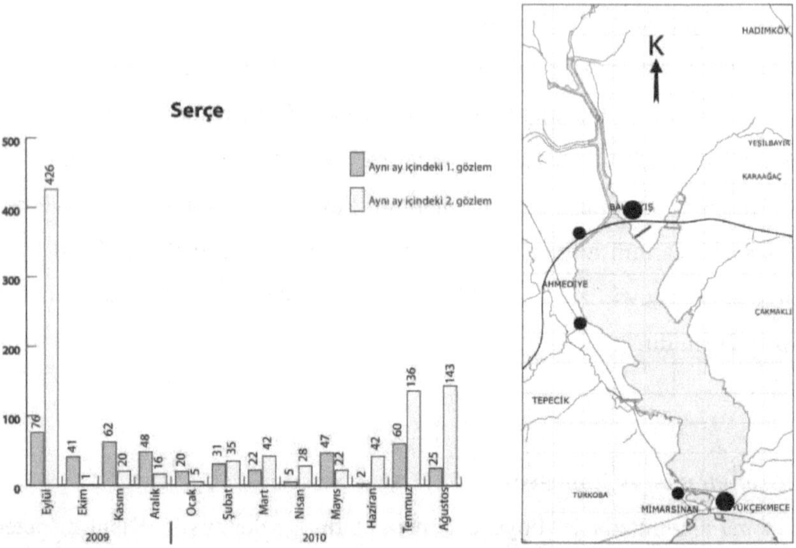

(a) (b)

Şekil 4.99: *Passer domesticus* (L., 1758)'un (a) gözlem günlerine göre sayısı ve (b) üreme haritası

Şekil 4.100: *Passer domesticus* (L., 1758) (Fotoğraf: Ömer Necipoğlu)

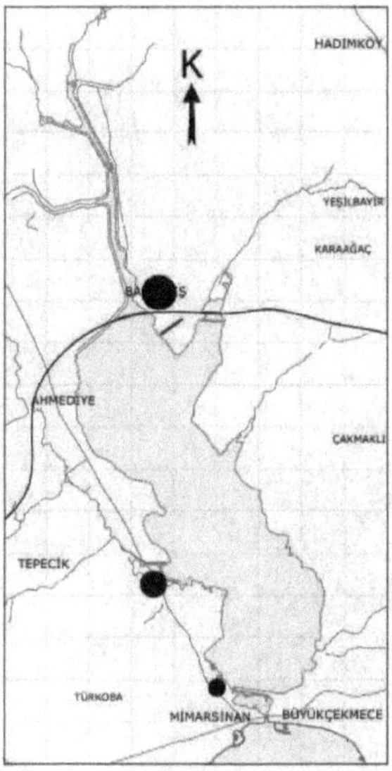

Şekil 4.101: *Passer hispaniolensis* (Temmick, 1820)'in üreme haritası

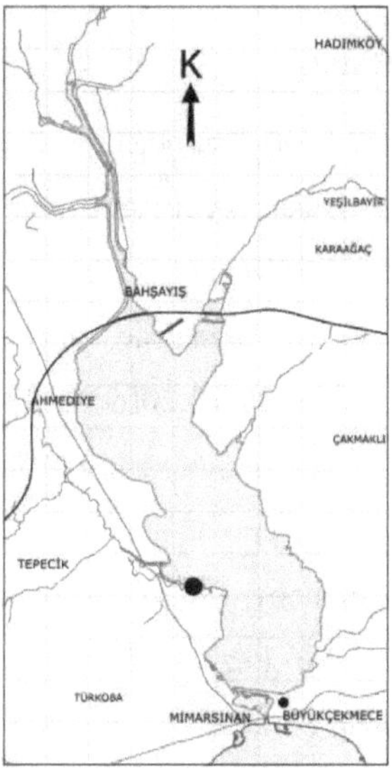

Şekil 4.102: *Passer montanus* (L., 1758)'un üreme haritası

Şekil 4.103: *Passer montanus* (L., 1758) (Fotoğraf: Ömer Necipoğlu)

4.14.16.Familya: Fringillidae

Fringilla coelebs Linnaeus, 1758 (İspinoz)

Çalışma alanımızda eylül – nisan ayları arasında, düzenli olarak, nispeten kalabalık gruplar halinde görülmüştür. Genellikle açık arazide, seyrek ağaçlı yerlerde, bahçelerde ve bazen de tarım arazilerinde beslenirken gözlenmiştir. En yüksek sayıya 29.12.2009'da 93 bireyle ulaşmıştır (Şekil 4.104). Alandaki statüsü kış göçmeni ve geçit türüdür.

Fringilla montifringilla Linnaeus, 1758 (Dağ İspinozu)

Çalışma alanımızda yalnız bir kez, 17.01.2010'da 5 birey gözlenmiştir. İspinozların arasında, onlarla beraber açık arazide beslenirken görülmüştür. Alandaki statüsü kış göçmenidir.

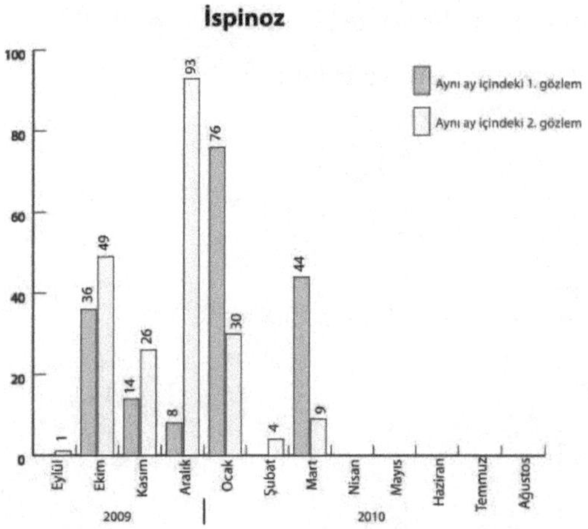

Şekil 4.104: *Fringilla coelebs* L., 1758'in gözlem günlerine göre sayısı

Serinus serinus (Linnaeus, 1766) (Küçük İskete)

Çalışma alanımızda yalnız iki kez, 30.11.2009'da 6 birey, 15.12.2009 günü de 4 birey gözlenmiştir. Küçük gruplar oluşturduğu ve dişbudak ağaçlarında beslendiği görülmüştür. Alandaki statüsü kış göçmenidir.

Carduelis chloris (Linnaeus, 1758) (Florya)

Çalışma alanımızda yaz ayları haricinde, diğer aylarda düzensiz ve az sayıda gözlenmiştir. Genel olarak açık alanlarda ya da seyrek ağaçlı alanlarda görülmüştür. En yüksek sayıya 29.12.2009 günü 3 bireyle ile ulaşmıştır. Alandaki statüsü kış göçmenidir.

Carduelis carduelis (Linnaeus, 1758) (Saka)

Çalışma alanımızda yaz ayları haricinde düzensiz olarak gözlenmiştir. En yüksek sayıya 29.12.2009 tarihinde 46 bireyle ulaşmıştır (Şekil 4.105). Sonbahar ve kış aylarında sürüler oluşturdukları ve genelde deve dikenlerinde sürüler halinde beslendikleri görülmüştür (Şekil 4.106). Alandaki statüsü kış göçmeni ve geçit türüdür.

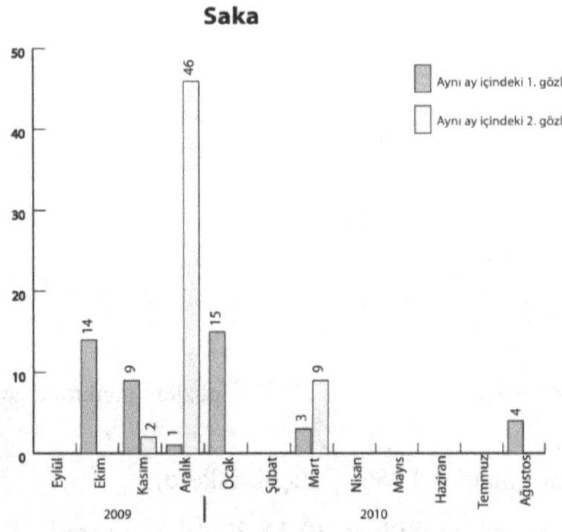

Şekil 4.105: *Carduelis carduelis* (L., 1758)'in gözlem günlerine göre sayısı

Carduelis spinus (Linnaeus,1758) (Karabaşlı İskete)

Çalışma alanımızda yalnız iki kez gözlenmiş bir türdür. 14.11.2009'da 16 birey ve 29.12.2009 günü de bir birey kayda alınmıştır. Genellikle *Carduelis carduelis* (L.) gruplarının içerisinde, onlara göre daha az sayıda görülmüştür. Alandaki statüsü kış göçmeni ve geçit türüdür.

Coccothraustes coccothraustes (Linnaeus, 1758) (Kocabaş)

Çalışma alanımızda yalnız iki kez, 31.10.2009 günü 3 birey, 31.03.2010'da da bir birey görülmüştür. Alandaki statüsü kış göçmeni ve geçit türüdür.

4.14.17.Familya: Emberizidae

Emberiza cirlus Linnaeus, 1766 (Bahçe Çintesi)

Çalışma alanımızda yalnız bir kez, 14.11.2009'da 5 birey görülmüştür. Dişbudak ağaçlarında, ispinozlarla beraber beslenirken gözlenmiştir. Alandaki statüsü kış göçmenidir.

Şekil 4.106: *Carduelis carduelis* (L., 1758) (Fotoğraf: Serhat Tigrel)

Emberiza schoeniclus (Linnaeus, 1758) (Bataklık Çintesi)

Çalışma alanımızda ekim sonundan mart ayının ortalarında kadar, bütün sazlık alanlarda oldukça az miktarda gözlenmiştir. Genellikle bir sazdan diğerine uçarken ya da sazın tepesine çıkıp tiz ötüşünü yaparken görülmüştür. En yüksek sayıya 17.03.2010'da 17 bireyle ulaşmıştır. Alandaki statüsü kış göçmenidir.

Emberiza melanocephala Scopoli, 1769 (Karabaşlı Çinte)

Çalışma alanımızda mayıs ve temmuz aylarında, özellikle buğday tarlalarında görülmüştür. En yüksek sayıya 01.07.2010'da 10 birey ile ulaşmıştır.

Miliaria calandra (Linnaeus, 1758) (Tarla Çintesi)

Çalışma alanımızda kış ayları haricinde düzenli olarak gözlenen bir türdür. Özellikle tarla kenarındaki yüksek çalılıklar ve kısa boylu ağaçlarda öterken görülmüştür. En yüksek sayıya 28.04.2010 günü 7 bireyle ulaşmıştır. Çalışma alanımızın kuzeyinde üremektedir (Şekil 4.107). Alandaki statüsü yerlidir.

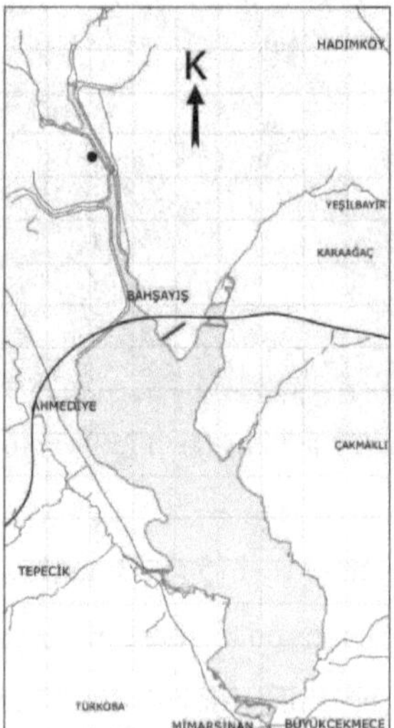

Şekil 4.107: *Miliaria calandra* (L., 1758)'nın üreme haritası

5. TARTIŞMA VE SONUÇ

Büyükçekmece Gölü'nde Eylül 2009 – Ağustos 2010 tarihleri arasında yapılan arazi çalışmaları neticesinde 14 takım ve 42 familyaya ait toplam 170 kuş türü tespit edilmiştir. Tespit edilen türlerden 36'sı yerli, 24'ü yaz göçmeni, 68'i kış göçmeni, 41'i geçit türüdür.

Kuşların statüleri türlerine göre değişmekte, çoğunlukla sadece bir statütü bir kuş türü için yeterli olmamaktadır. Bunun için pek çok türün statüsü birden fazla olabilmektedir.

Yaz göçmeni olan bir tür aynı zamanda geçit türü de olabilmektedir veya yıl boyu görülebilen bir türün kışın sayıları çok yüksek miktarlarda olabilmekte, bundan dolayı da hem kış göçmeni, hem de yerli olabilmektedir. Alanda doğal olarak bulunmayan, esaret kaçkını bir tür olan *Falco cherrug* için bir statü belirlenememiştir.

Kasparek ve Bilgin (1996)'e göre Türkiye'de 450 kuş türünün yaşadığı bilinmektedir. Çalışma alanımız olan Büyükçekmece Gölü'nde tespit edilen 170 tür, tüm Türkiye'deki kuş türlerinin % 37,7' sini oluşturmaktadır. Boyla ve Arslan (2009) tarafından hazırlanan "İstanbul'un Kuşları: 2008" yayınına göre İstanbul'da 313 kuş türü tespit edilmiştir. Bu sayılar baz alındığında Büyükçekmece Gölü, barındırdığı 170 kuş türü ile İstanbul kuşlarının % 54.3'ünü barındırmaktadır. Sadece bir alanda bu kadar fazla türün bulunması, alanın kuşlar açısından önemini ortaya koymaktadır.

İstanbul ili, kıtalararası dar boğaz olması, Karadeniz ve Akdeniz biyomlarının arasında olması, farklı habitat yapılarına sahip olması nedeniyle kuşlar için oldukça önemli bir konumdadır. Büyükçekmece Gölü ise İstanbul'daki göç yollarının üzerinde olması, şehirden uzaklığı ile nispeten doğal kalmış alanlarının fazlalığı, farklı habitat yapılarına sahip olması, güneyinde iki farklı yaşamın birleşme noktası olan bir lagün içermesi, lagün ortasında insanlardan uzak küçük adacıklar bulundurması, kuzeyindeki ve doğusundaki geniş tarlalar, batısında eski taşocaklarının bulunması ile kayalık bir araziye de sahip olması ve küçük de olsa sazlık alanlar barındırması ile kuş çeşitliliğinin ve yoğunluğunun fazla olmasına etki etmektektedir.

Büyükçekme Gölü ve etrafında yapılacak etkin bir koruma ile kuş çeşitliliği ve populasyonlarınun artması sözkonusudur. Çalışmamız sırasında tespit edilen 170 türün 84'ü doğrudan suya ve sulak alana bağımlı türlerdir. Bu türler gerek sazlıkları kullanarak, gerek sudaki canlılarla beslenerek, gerekse dinlenme, korunma ve üreme alanı olarak sulak alanı doğrudan kullanırlar. Büyükçekmece Gölü ve çevresinde 42 türün üremesi kesinlik kazanmıştır. Üreyen türlerden 26'sı yıl boyu alanda görülen yerli türler iken, 16 tür ise yaz göçmenidir. Üreyen türlerin ve populasyonların sayısı; doğal alanlarının insan tarafından korunması, sazlıkların kesilmesinin engellenmesi, tarım faaliyetlerinin klasik yöntemlerle devam ettirilmesi ve üreme döneminde insanların üreme alanlarında bulunmaması gibi faktörlerle arttırılabilir.

Araştımamızda Podicipedidae familyasından 3 türün (*Tachybaptus ruficollis*, *Podiceps cristatus*, *P. nigricollis*) alanı kullandığı görülmüştür. Bu türlerden *Tachybaptus ruficollis* ve *Podiceps cristatus* alanda yıl boyu görülen türlerdendir ve uygun sazlıklarda üredikleri tespit edilmiştir. Sulak alandaki sazlıkların önemi bu familya için oldukça önem kazanmaktadır.

Aynı zamanda sudaki omurgasız hayvanlar ve balıklar ile beslenen bu türler için alandaki diğer su içinde yaşayan canlıların sağlıklı populasyonları da son derece önemlidir.

Phalacrocoracidae familyasından 3 tür düzenli olarak İstanbul'da görülürken (Boyla ve Arslan, 2009), çalışmamızda sadece *Phalacroccorax aristotelis* çalışmamız boyunca görülmemiştir. Bu türün denize bağlı bir tür olduğunu ve lagünlere dahi girmediğini göstermektedir. Diğer iki türden *Phalacrocorax carbo* ise yıl boyunca çalışma alanımızda görülmesine rağmen, ürediğine dair herhangi bir bulgu bulunamamıştır. Küçükçekmece'de var olduğu bilinen 1000 çiftlik koloninin bireylerinin üreme dönemlerinde, beslenme amacıyla Büyükçekmece Gölü'nü ziyaret ettiğini düşünmekteyiz. Boyla ve Arslan (2009)'a göre *Phalacrocorax pygmeus* türü Terkos Gölü'nde üremektedir. Çalışmamız süresince sadece mayıs ve temmuz aylarında bu tür gözlenmemiştir. Diğer aylarda düzenli olarak rastlanmaktadır. Araştırma alanımızda bu tür ürememekte, mayıs ve temmuz ayları arasında üreme bölgelerine gittiği düşünülmektedir.

Heinzel ve ark. (1995)'e göre Türkiye'de Ardeidae familyasından düzenli olarak görülen 9 tür (*Botaurus stellaris*, *Ixobrychus minutus*, *Nycticorax nycticorax*, *Ardeola ralloides*, *Bubulcus ibis*, *Egretta garzetta*, *Ardea alba*, *Ardea cinerea*, *Ardea purpurea*) bulunmaktadır. Çalışmalarımız süresince *Bubulcus ibis* hariç, diğer türlerin hepsi gözlenmiştir.

Ardeidae familyasının beslenme yapısına uygun, sığ suların, su basar alanların ve sazlıkların Büyükçekmece Gölü'nde azalmış da olsa bulunmasından dolayı, bu türlerin alanımızı kullandıkları saptanmıştır. Bu türlerden *Ixobrychus minutus* üremesi kesinlik kazanmış tek türdür. Gölün güneybatısında nispeten geniş sazlık alanlar ve gölün batısındaki kanallar boyunca yer alan sazlık alanlar uygun üreme habitatı sağlamış ve üreme sezonunda yavruları ile birlikte gözlenmişlerdir. *Ardea cinerea*'nın ise yıl boyu alanda görülmesine rağmen, üremediği görülmüştür. Bunun nedeni olarak koloniyel olarak yüksek ağaçlarda üremeyi tercih eden bu türün üremesine uygun ağaçların Büyükçekmece Gölü ve çevresinde bulunmamasıdır.

Gölün kuzeyindeki Bahşayış Köyü *Ciconia ciconia* (Leylek) için önemli sayılabilecek bir üreme alanıdır. Çalışmalarımız boyunca 6 yuvanın leylekler tarafından kullandığını tarafımızdan tespit edilmiştir. Yağışlı geçen bir yıl olduğu için bazı leylek çiftlerinin gelmediğini ve bu nedenle yuva yapmaları için konulan bazı platformların boş kaldığını düşünmekteyiz. Yuvalarda en az 2 yavru, en çok ise 4 yavru olduğu gözlendi. Ebeveynlerin beslenmek için alanın farklı noktalarını kullandıkları tespit edildi. Özellikle tercih ettiği yerler ise kanal boyları ve sığ sular olduğu gözlendi. Tarım alanlarının, sazlıkların ve kanalların bir şekilde zarara uğraması, burada üreyen leylek populasyonu için oldukça tehlikeli sonuçlar doğurabilir.

Anatidae familyasından 18 tür çalışmalarımız boyunca Büyükçekmece Gölü'nde tespit edilmiştir. Bu türlerin 16'sı kış göçmeni, biri geçit türü (*Anas querquedula*), biri de yerli türdür (*Anas platyrhynchos*). Eken ve ark. (2006)'a göre 5-10 çift *Aythya nyroca* (Pasbaş patka) alanda üremektedir. Çalışmamızda bu tür hiçbir gözlemlerimizde görülmemiş ve artık alanda üremediği tespit edilmiştir.

Araştırma alanımızda, gündüz yırtıcılarından 16 tür tespit edilmiştir. Bu türlerden 2'si (*Circaetus gallicus*, *Aquila pennata*) yaz göçmeni, 7'si (*Circus cyaneus*, *Accipiter gentilis*, *Accipiter nisus*, *Buteo buteo*, *Buteo lagopus*, *Aquila heliaca*, *Falco columbarius*) kış göçmeni, 3'ü (*Aquila pomarina*, *Pandion haliaetus*, *Falco vespertinus*) geçit türü, 3'ü (*Circus aeruginosus*, *Buteo rufinus*, *Falco tinnunculus*) yerli türdür. Diğer gündüz yırtıcı olan *Falco cherrug*'un statüsü hakkında ise yorum yapamamaktayız. Bunun nedeni ise bu türün esaret kaçkını, genç bir birey olmasıdır. Doğal olarak ürediği alanlar İç Anadolu ve Doğu Anadolu olan bu türün, avcı kuş yetiştirenler tarafından doğal ürediği alanlardan yuvadan alınıp, daha sonra Büyükçekme Gölü'nün batısındaki taşocaklarına salındığı öğrenilmiştir. Alana adaptasyonu av yaparken gözlenmesi ile gerçekleştiği görülmüştür. Yerli türlerden *Falco tinnunculus*'un gölün batısındaki taşocaklarında ürediği ve gözlem yapıldığı üreme sezonunda 4 yavru yetiştirdiği tespit edilmiştir. Yaz göçmeni olan *Circaetus gallicus* ve *Aquila pennata*'nın ise üreme döneminde alanı beslenmek amacıyla kullandıkları gözlenmiş, hatta av sonrası yuvaya yem taşıdığı da görülmüştür. Ama çalışma alanımız dahilinde yuvaları tespit edilememiştir. Çalışma alanıma yakın Çatalca'daki taş ocaklarında üredikleri ve zaman zaman avlanmak için çalışma alanımıza geldikleri düşünülmektedir.

Alectoris chukar (Kınalı keklik), Boyla ve Arslan (2009)'a göre İstanbul'da görülmemiştir. Çalışmamızda gölün batısında rastlanan *Alectoris chukar* populasyonun alanda yıl boyu görüldüğü, fakat araştırma alanımızın doğal türü olmadığı, yerel halkla yapılan konuşmalarda Çatalca'ya Doğa Koruma ve Milli Parklar Genel Müdürlüğü tarafından bırakılan populasyondan ayrılan bir sürünün çalışma alanımıza geldiği söylenmektedir.

Çalışma alanımızda yaptığımız gözlemler sonucunda Rallidae familyasından 3 tür (*Rallus aquaticus*, *Gallinula chloropus*, *Fulica atra*) tespit edilmiştir. Bu türlerin hepsi alanda yıl boyu görülebilen ve ürediği kesinlik kazanmış türlerdir. Üç tür de sazlıkların arasında üredikleri için sazlıkların önemi çok büyüktür. Özellikle *Rallus aquaticus*'un yaşamanının büyük bir kısmını sazlıklar arasında geçirdiği gözlenmiştir. *Fulica atra* (Sakarmeke) ise yıl boyunca en yüksek sayılarda görülen kuşlardan biridir ve kışın kuzeyden gelen populasyonlarla birlikte sayıları oldukça yükselmektedir.

Çalışma alanının güneyindeki lagün ve sığ suların bulunduğu, mevsimsel su basan tarlalar kıyıkuşları için oldukça önemli beslenme alanları olarak göze çarpmaktadır. Haematopodidae, Recurvirostridae, Glareolidae, Charadriidae ve Scolopacidae familyalarına ait 22 türü bu alanlarda beslenirken görmek mümkündür. Özellikle göç zamanında ve kış mevsiminde bu familyalara ait türlerin büyük sürüleri bir arada gözlenmiştir. Eken ve ark. (2006)'a göre Büyükçekmece Gölü'nde 15-30 çift ürediği belirtilen, Boyla ve Arslan (2009)'a göre İstanbul'da yaz göçmeni ve geçit kuşu olan *Himantopus himantopus* (Uzunbacak) çalışma alanımızda kış mevsiminde görülmüştür. Gölün güneyindeki lagünde görülen bir bireyin kışın yapılan iki farklı gözlemde görüldüğü ve aynı birey olduğu gözlenmiştir. Bu bireyin geç göçe başlamış, hasta ya da dışarıdan sakatlığı görünmeyen bir birey olduğu düşünülmektedir.

Laridae familyasından 9 tür çalışma alanımızda tespit edilmiştir. En yüksek sayılar *Chroicocephalus ridibundus* (Karabaş martı) türüne aittir. *Larus michahellis* alanda yıl boyu görülmüş olmasına rağmen üremesi gözlenememiştir. *Ichthyaetus melanocephalus* (Akdeniz martısı) Heinzel ve ark. (1995)'e göre Marmara'da kış göçmeni olarak gösterilmiştir, Boyla ve Arslan (2009)'a göre ise İstanbul'da kış göçmeni ve geçit kuşudur. Eken ve ark. (2006)'a göre alanı ÖDA kriterleri kapsamında değer kazandıran 1995 yılında 10 000 bireylik göç kaydı vardır. Çalışmamız sonucunda Akdeniz Martısı'nın Büyükçekmece'de yıl boyunca düzenli olarak görüldüğü, gölün güneyindeki lagünlerin ortasındaki adacıklarda en az 3 çiftin kuluçkaya yattığı ve en az 7 yavrunun yumurtadan çıktığı gözlenmiştir. Alanda ürediği tespit edilen tek martı türüdür ve çalışma yapılan dönemin çok yağışlı geçmesi sebebiyle adacıklarda ot boylarının yüksek olduğu ve Akdeniz martısının bu nedenle ürediği düşünülmektedir.

Boyla ve Arslan (2009)'a göre Sternidae familyasından 8 tür İstanbul'da görülmektedir. Çalışma alanımızda ise Sternidae familyasından 7 tür gözlenmiş, sadece *Hydroprogne caspia* (Hazar Sumrusu) türüne rastlanılmamıştır. Bu türlerin çoğunluğu göç sırasında beslenmek ve dinlenmek amacıyla alanda bulunmaktadır. Sadece *Sterna hirundo* alanı üremek için kullanmaktadır. Gölün güneyindeki lagün içinde Mimar Sinan Köprüsü'ne yakın "Sumru Adası"nda 75 çiftten fazla ürediği tespit edilmiştir. Aynı zamanda gölün kuzeyindeki kanal boylarında yazın ortaya çıkan adacıkları da üremek için kullandıkları görülmüş ve en az 5 çiftin de burada ürediği kayda alınmıştır. Yavrularını yetiştiren ebeveynlerin 2. kuluçkaya yatmak için Akdeniz martılarının bulunduğu adayı tercih ettikleri görülmüştür.

Columbidae ve Apodidae familyasına ait üçer türün çalışma alanımızı kullandıkları görülmüştür. Columbidae familyasına ait türler yıl boyu görülen yerleşik türler iken, Apodidae familyasına ait türler yaz göçmenidir. Her iki familyaya ait türlerin de kentsel alanlarda üremeyi tercih ettikleri ve insanla yaşamaya alıştıkları tespit edilmiştir.

Passeriformes ordosu 64 tür ile en çok tür barındıran takım olarak tespit edilmiştir. Görülen bütün türlerin % 37,64' ü ötücü kuşlardandır. 64 türden 24'ü alanı üremek için alanı kullanırlar. Yani tüm Passeriformes türlerinin % 37,5'i çalışma alanımızda üremektedir. Alanda üreyen bütün türlerin % 57,14'ünü ötücü kuşlar oluşturmaktadır.

Bu oran diğer çok tür barındıran takımlarla kıyaslandığında oldukça yüksek görünmektedir. Örneğin; Anseriformes takımında 18 türün sadece biri (%5,55), Falconiformes'de ise 16 türün sadece 1'i (%6,25), Charadriiformes'de ise 38 türün sadece 2'si (% 5,26) çalışma alanımızda üremektedir. Ötücü kuşlar takımının bu üreme başarısı değişen habitatlara kolayca adapte olması ile açıklanabilir. Pek çok tür kentsel yapılarda (*Passer domesticus*, *Hirundo rustica*), bazıları tarım alanlarında (*Emberiza melanocephala*, *Miliara calandra*), bazıları bahçelerde (*Cyanistes caeruleus, Hippolais pallida*), bazı türler ise bozulmuş habitatlarda (*Corvus cornix*, *Pica pica*) rahatça üreyebilmektedirler.

Çalışma alanımızda Motacillidae familyasından 7 türe rastlanılmıştır. Bu türlerden *Anthus campestris* ve *Motacilla flava* türlerinin ürediği tespit edilmiş, diğer türlerin ise alanı göç sırasında kullandıkları ya da kış göçmeni oldukları gözlenmiştir. Turdidae familyasından ise çalışma alanımızda 11 tür tespit edilmiştir. Daha çok tarım alanlarını tercih eden, meyve ve böceklerle beslendiği bilinen bu familya türlerinden sadece biriinin (*Luscinia megarhynchos*) alanda üremesi kesinlik kazanmış, *Turdus merula* ise üremesi muhtemel bir tür olarak kayda alınmıştır. Bu türlerin üyelerinin çoğunun çalışma alanımızda ürememesi, uygun habitatlar bulunmamasından ve kuzeyde üreyen türlerin alanda beslenmek için bulunmasından kaynaklandığı düşünülmektedir.

Sylvidae familyasının 8 türü çalışma alanımızda gözlenirken, Kamışçın ve Ötleğen türlerinden olan 5 türün alanda ürediği saptanmıştır. Özellikle bu türlerin sazlık alan ya da küçük çalılık alan seçmesi, çalışma alanımızın da bu tip habitatlar açısından verimli olması ile ilişkilidir. *Phylloscopus* cinsine ait diğer 3 tür ise genelde sık yapraklı ağaçlardan oluşan ormanları üremek için tercih eden türlerdir.

Corvidae familyasına ait 6 tür çalışma alanımızda tespit edilmiştir. Genellikle insan tarafından tahrip edilmiş alanların, boş arsaların ve çöplüklerin bu familya türleri için önemli bir beslenme ve üreme alanı olduğu görülmüştür. Bozulmuş habitatlardan olumsuz etkilenmeleri bir tarafa, zeka seviyesi yüksek olan bu türler, bu habitatlara adaptasyon sürecini çok hızlı bir şekilde tamamlayarak, bu tür habitatları kendi avantajlarına kullanmayı sağlamışlardır. Özellikle gölün batısındaki eski taşocakları, insanların çöpleri bıraktığı bir bölge durumuna gelmiş durumdadır. Burada en yüksek sayıda sayılan ve üreyen türler, Corvidae familyasından *Corvus cornix* (Gri leş kargası) ve *Pica pica* (Saksağan)'dır.

Passeridae familyasının 3 türü alanımızda görülmüştür. Bu türlerden *Passer hispaniolensis* yaz göçmeni, *Passer montanus* ve *Passer domesticus* yerli türlerdendir. Özellikle bu familyanın türlerinin köylerde ve kentsel yerleşimle kırsalın birleştiği alanlarda üremeyi tercih ettiği görülmüştür. Yerli türlerin kışın daha kalabalık sürüler oluşturduğu ve açık alanlarda beslendiği gözlenmiştir.

Fringillidae familyasına ait 7 tür çalışma alanımızda tespit edilmiştir. Bu familyanın türlerinin hepsinin alanda kış göçmeni oldukları görülmüştür. Genellikle küçük gruplar halinde aynı familyaya ait farklı türler karışık sürüler oluştururak açık alanlarda, tarlalarda ya da meyve bahçelerinde beslenirken görülmüşlerdir. Büyükçekmece Gölü'nün etrafında yoğun ağaçlık alanlar bulunmadığı için bu türlerin üremediği düşünülmektedir. Daha çok orman ve dere kenarındaki ağaçlık alanları tercih ettikleri, çalışma alanımızda sadece kış aylarında ve göç sırasında beslendikleri gözlenmiştir.

Çalışmamız süresince en fazla tür Büyükçekmece Gölü'nün güneyinde yer alan ve sayımların Mimar Sinan Köprüsü'nde yapıldığı 1 numaralı gözlem noktasında yapılmıştır. Bu alan tuzlu su ile tatlı suyun birleştiği bir lagün özelliği olmasının dışında, sazlık alan içermesi, üzerinde otsu bitkilerin yetiştiği adacıkların bulunması, zaman zaman suların alçalmasıyla ortaya çıkan geçici kumul adacıklara sahip olması, kentsel alana komşu olması ve bu kentsel alanlarda da dişbudak gibi kışın tohumlu ağaçların bulunması gibi farklı habitat yapısıyla tür çeşitliliği konusunda diğer sayım alanlara göre daha yüksek sayıda tür barındırmaktadır. Alanda yapılan gözlemlerde 111 tür tespit edilmiştir, yani bütün çalışma alanımızda görülen türlerin % 65,3 'ü burada gözlenmiştir. Batağanlar ve karabatak türlerinin tamamı, tespit edilen 22 kıyıkuşunun 15 türü, bütün martı ve sumru türleri, 64 ötücü türünün 44'ü bu gözlem noktasında tespit edilmiştir. *Ichthyaetus melanocephalus*'un ürediği tek alan olmakla beraber, *Sterna hirundo*'nun da üreyen populasyonunun büyük bir bölümü burada görülmüştür.

2 numaralı gözlem noktası, gölün güneybatısındaki ve güneydoğusundaki sazlıkları gören, Devlet Su İşleri'nin baraj kapaklarının ve baraj seddesinin

bulunduğu alandır. Bu alanda 92 tür tespit edilmiştir. Özellikle bu alanı daha derin suda beslenebilen sukuşlarının tercih ettiği görülmüştür. Bu türler arasında *Phalacrocorax carbo, Podiceps nigricollis*, *Podiceps cristatus* gibi türler gelmektedir. Aynı zamanda bu alan *Mergus serrator* ve *Bucephala clangula* türlerinin düzenli olarak görülebildiği beslenme ve kışlama alanlarıdır. 2 numaralı gözlem noktasının batısında ve doğusundaki sazlıklar *Podiceps cristatus*, *Fulica atra*, *Gallinula chloropus* ve *Ixobrychus minutus* türlerinin ürediği alanlar olarak önem kazanmaktadır.

3 numaralı gözlem noktası, Büyükçekmece Gölü'nün batısında Tepeüstü yerleşiminin yakınında, Menekşe Köprüsü'nün Büyükçekmece Gölü'ne bağlandığı yerden, eski taşocaklarına kadar olan bölgeyi içermektedir. Bu nokta taş ocaklarından dolayı alanda kayalık alanlar, Menekşe Deresi ve ona paralel giden bir kanal, bu kanal boyunca sazlık alanlar, az da olsa yerleşim ve tarım alanları ile kullanılmayan açık arazileri içermektedir. Bu alanda 104 tür tespit edilmiştir. Özellikle bütün alanda görülen 16 gündüz yırtıcısının 10'unun burada görülmesi ve *Falco tinnunculus*'un burada üremesi, alanın gündüz yırtıcıları açısından önemini ortaya koymaktadır. Aynı zamanda ürediğini tespit ettiğimiz tüm Corvidae türleri 3 numaralı alanımızda üremektedir. *Corvus corax'* ın bilinen tek yuvası taşocaklarında gözlenmiştir. Ayrıca kanal boyunca yer alan sazlıklarda *Ixobrychus minutus*, *Gallinula chloropus*, *Remiz pendulinus* türleri ve kamışçın türlerinin üremesi için önem taşımaktadır. Corvidae türlerinin artmasına neden olan, fakat diğer türlerin alanda bulunmasını engelleyen alana bırakılan çöpler ve molozlar ise habitatı ve türlerin yaşamını etkilemektedir.

4 numaralı gözlem noktası Büyükçekmece Gölü'nün batısında, Ahmediye Köyü'nün girişinde yer almaktadır. Bu gözlem noktasında 58 tür ile tür

çeşitliğinin nispeten az olduğu görülmektedir. Bunun nedeni olarak da pek fazla habitat çeşidinin bulunmamasıdır. Alanın hemen batısında Çatalca – Tepecik yolu bulunmakta, tarım alanları ve küçük bahçeler ötücü kuşların görülmesini sağlasa da sulak alanda hiç sazlık ve uygun kıyı bulunmaması, su kuşları ve kıyı kuşu türlerinin az olmasına neden olmaktadır. Çalışmamızda tek kaydı olan *Mergus merganser* sadece bu alanda, uzun bir süre gözlenmiştir. Rüzgar durumuna göre bazen ördekler açısından yüksek sayıları görmek mümkün olabilmektedir. Bir noktadan en yüksek sayılara burada ulaşılmıştır, bir sayımda 2265 *Anas crecca* (Çamurcun), 1260 *Atyhya ferina* (Elmabaş patka) ve 5670 *Anas platyrhynchos* (Yeşilbaş) tespit edilmiştir. Aynı zamanda 1900 *Phalacrocorax carbo* (Karabatak) beslenirken gözlenmiştir.

5 numaralı gözlem noktasından 69 tür tespit edilmiştir. Bu gözlem noktasının kuzeyinde Tem otoyolu bulunmaktadır. Etrafı genel olarak tarlalar ve ekilmeyen araziler ile çevrilidir. Rüzgar durumuna göre su kuşlarının yoğunluğu değişmektedir. Rüzgarın kuzeyden estiği günlerde ördek sayılarının daha yoğun olduğu saptanmıştır. *Aythya. marila* (Karabaş patka) ve *A. fuligula* (Tepeli patka) türleri az sayıda burada dinlenen *A. ferina* (Elmabaş Patka) türlerinin arasında gözlenmiştir. Ötücü kuşların da göç zamanında bu alanda kalabalık gruplar halinde beslendikleri görülmüştür.

6 numaralı gözlem noktasından 96, 7 numaralı gözlem noktasından 79 tür tespit edilmiştir. 6 ve 7 numaralı gözlem noktaları habitat açısından birbirinin benzeri ve devamı niteliğindedir. Kanal boyu, sazlık ve söğütlük alanlar, kışın su basan geniş tarlalar ve çalılıklar bu alanların genel habitatını oluşturmaktadır. Özellikle ilkbaharda ve kışın beslenmek

amacıyla yüksek sayıda kıyı kuşları gözlenmektedir. *Vanellus vanellus* (Kızkuşu), *Numenius arquata* (Kervançulluğu), *Tringa glareola* (Orman düdükçünü), *Philomachus pugnax* (Döğüşkenkuş) türlerinin büyük sürüleri buradaki su basar tarlalarda beslenirken gözlenmiştir. Aynı zamanda ilkbaharda ötücü kuşlardan *Motacilla alba* (Ak kuyruksallayan), *Motacilla flava* (Sarı kuyruksallayan), *Alauda arvensis* (Tarlakuşu) sürüleri tarlalarda beslenmektedir. İnsan yerleşimlerden uzakta olması ve kuşların kendini güvende hissedebilecekleri beslenme alanları oluşturması açısından, bu tip alanların korunması büyük önem kazanmaktadır.

8 numaralı gözlem noktasında 38 tür görülmüştür. 9 numaralı alandan ise 33 tür görülmüştür. Bu iki alanda az sayıda tür tespit edilmesinin nedenleri ise; 8 numaralı alanın benzersiz bir habitat yapısı göstermemesi ve alan olarak dar bir bölgede olması olarak sayılabilirken, 9 numaralı alandaki gözlemlerde sulak alana çok fazla yaklaşamamak tür sayısının az kalmasında etkili olmaktadır. Buna rağmen her iki alan için de değerli kayıtlar sözkonusudur. 8 numaralı alan Bahşayış Köyü'nü içinde bulunmakta ve çalışmalarımızda tespit edilen *Ciconia ciconia* (Leylek) yuvalarının tamamı burada bulunmaktadır. Aynı zamanda *Nycticorax nycticorax* (Gece balıkçılı) türü için de göç sırasında öncelikle dinlenme alanı olduğu gözlenmiştir. 9 numaralı alan ise içerdiği küçük bahçeler ve ağaçlık alanlar ile *Asio otus* (Kulaklı orman baykuşu) türünün kışlama alanı olarak tespit edilmiştir, aynı zamanda *Phylloscopus sibilatrix* (Orman çıvgını)'in çalışmamızdaki tek kaydı burada saptanmıştır. Burada bulunan geniş tarlalarda da *Buteo lagopus* (Paçalı şahin) ve *Accipiter gentilis* (Çakır)'i burada görmek mümkün olmuştur.

Çalışmamız boyunca tespit edilen 170 kuş türü IUCN kriterlerine göre değerlendirildiğinde; 2 tür (*Aquila heliaca*, *Falco cherrug*) "Hassas (VU)" kategorisinde, 3 tür (*Falco vespertinus*, *Limosa limosa*, *Numenius arquta*) "Tehlike Altına Girmeye Yakın (NT)" kategorisinde ve geriye kalan 165 türün de "Önceliği Düşük (LC)" kategorisinde olduğu anlaşılmıştır.

Çalışmamız sırasında bütün sayımlarda görülen 10 tür vardır. Bunlar : *Ichthyaetus melanocephalus* (Akdeniz martısı), *Podiceps cristatus* (Bahri), *Larus michahellis* (Gümüş martı), *Phalacrocorax carbo* (Karabatak), *Ardea cinerea* (Gri balıkçıl) *Columba livia* (Kaya güvercini), *Coloeus monedula* (Küçük karga), *Fulica atra* (Sakarmeke), *Passer domesticus* (Serçe) ve *Anas platyrhynchos* (Yeşilbaş)'tur.

Çalışmalarımızda yaptığımız gözlemlerdeki sayım sonuçlarına göre en yüksek sayıya sahip 10 tür sırasıyla; 59793 bireyle *Chroicocephalus ridibundus* (Karabaş martı), 15033 bireyle *Anas platyrhynchos* (Yeşilbaş), 14897 bireyle *Sturnus vulgaris* (Sığırcık), 8986 bireyle *Fulica atra* (Sakarmeke), 8655 bireyle Anas crecca (Çamurcun), 8446 bireyle *Larus michahellis* (Gümüş martı), 7230 bireyle *Ichthyaetus melanocephalus* (Akdeniz martısı), 4266 bireyle *Coloeus monedula* (Küçük karga), 3585 bireyle *Podiceps cristatus* (Bahri), 2812 bireyle *Sterna hirundo* (Sumru)'dur.

Yukarıdaki değerler gözönüne alındığında sürekli görülen 10 kuş türünden 8'i, en yüksek sayıda görülen 10 türden 8'i su kuşudur. Büyükçekmece Gölü yüksek sayıda su kuşu populasyonlarının beslendiği, dinlendiği ve bu zengin tür çeşitliliğinin her emvsim görüldüğü bir alan olarak devamlı gözetim altında tutulması ve korunması gereken bir alandır.

Çalışmamızda sadece bir kez kaydedilen türler; *Cygnus cygnus* (Ötücü kuğu), *Accipiter gentilis* (Çakır), *Aquila pennata* (Küçük kartal), *Pandion haliaetus* (Balık kartalı), *Falco vespertinus* (Aladoğan), *Falco columbarius* (Bozdoğan), *Grus grus* (Turna), *Haematopus ostralegus* (Poyrazkuşu), *Recurvirosta avosetta* (Kılıçgaga), *Glareola pratincola* (Bataklık kırlangıcı), *Pluvialis squatarola* (Gümüş yağmurcun), *Calidris alba* (Ak kumkuşu), *Limosa limosa* (Çamurçulluğu), *Asio otus* (Kulaklı Orman Baykuşu), *Anthus cervinus* (Kızılgerdanlı incirkuşu), *Prunella modularis* (Dağbülbülü), *Saxicola rubetra* (Çayır taşkuşu), *Turdus pilaris* (Tarla ardıcı), *Turdus iliacus* (Kızıl ardıç), *Turdus viscivorus* (Ökse ardıcı), *Phylloscopus sibilatrix* (Orman çıvgını), *Lanius minor* (Karaalınlı örümcekkuşu), *Garrulus glandarius* (Alakarga), *Sturnus roseus* (Alasığırcık), Emberiza cirlus (Bahçe çintesi)'tur.

Çalışmamızda bir kez görülen türlerin az görülmesinin nedenleri olarak; pek çoğunun nadir kış göçmeni ve geçit kuşu olması, kendi yaşam ortamlarına uygun bir yaşam ortamında bulunmamaları düşünülebilir. Bunların yanı sıra, ayda iki kez yapılan gözlem sayısı, özellikle göç zamanında yetersiz kalmaktadır. Göç zamanlarında yapılacak daha sık ve ayrıntılı gözlemlerin çalışma alanının tür sayısının artmasında ve nadir görülen türlerin daha sık görülmesinde yarar sağlayacaktır.

Büyükçekmece Gölü'nde 12 aylık bir dönemde yapılan bu çalışma ile alanda hangi kuş türlerinin bulunduğu tespit edilmiş ve bu türlerin populasyonları hakkında bilgi sahibi olmaya çalışılmıştır. Alanda daha önce ayrıntılı yapılmış bir ornithofauna çalışması yoktur. Bu çalışma alandaki kuş zenginliğini ortaya koyan ilk sistematik çalışmadır ve ileride yapılacak olan benzeri avifauna çalışmalarına, üreme atlas çalışmalarına ve alandaki türlerin populasyon çalışmalarına kaynak olacaktır.

Yapılan arazi çalışmaları sonucunda görüldüğü üzere, Büyükçekmece Gölü kuşların yaşamasına ve üremesine elverişli konumdadır. Bunun yanısıra küresel ölçekte ve Avrupa ölçeğinde nesli tehlike altında olan bazı türlerin alanda bulunması, Türkiye için önemli sayılabilecek bazı türlerin ise alanda üremesi, alanın önemini arttırmaktadır. Bu özellikler dolayısıyla insan faaliyetlerinin alanda artması ve yerleşim yerlerinin doğal habitatların yerini alması gibi tahrip edici faaliyetler gerçekleştirilirken bu çalışmanın kaynak alınarak değerlendirme yapılması önerilmektedir.

KAYNAKLAR

ANONİM, 1991, Çevre Bakanlığı, *2000'li Yıllara Doğru Çevre.* T.B.M.M. Çevre Araştırma Komisyonu Raporu (10/15): 191-209. Ankara.

ANONİM, 2004, *Birds in Europe: Population Estimates, Trends and Conservation Status.* BirdLife International, Cambridge, UK.

ANONİM, 2007, *Sulak Alan Yönetim Planlaması Rehberi*, Çevre ve Orman Bakanlığı, Ankara.

ANONİM, 2012a, *Flora Europaea Database*, Royal Botanic Garden Edinburgh, http://rbg-web2.rbge.org.uk/FE/fe.html, [Ziyaret tarihi, 09.02.2012].

ANONİM, 2012b, *Fishbase Consortium*, http://www.fishbase.org/search.php, [Ziyaret tarihi, 06.02.2012].

ANONİM, 2012c, *Amphibia Web*, Information on Amphibian Biology and Conservation, http://www.amphibiaweb.org/search/index.html, [Ziyaret tarihi, 10.02.2012].

ANONİM, 2012d, *The Reptilian Database*, http://www.reptile-database.org, [Ziyaret tarihi, 07.02.2012].

ANONİM, 2012e, *Mammals Species of the World*, Third Edition http://www.bucknell.edu/msw3 ,[Ziyaret tarihi, 11.02.2012].

ANONİM, 2012f, *Bilim ve Teknik Türkiye Tür Listeleri,* http://www.biltek.tubitak.gov.tr/bilgipaket/canlilar/TR_tur_listesi/liste_kuslar.htm, [Ziyaret tarihi, 01.02.2012].

ANONİM, 2012g, *IOC World Bird Names*, http://www.wordbirdnames.org/names.html, [Ziyaret tarihi, 01.02.2012].

ARSLANGÜNDOĞDU, Z., 2005, *İstanbul-Belgrad Ormanı'nın Ornitofaunası Üzerinde Araştırmalar,* Doktora Tezi, İstanbul Üniversitesi, Fen Bilimleri Enstitüsü.

AYVAZ, Y., 1984, *The Waterfowl of Sultan Sazlığı*–Kayseri. Communications, Seri C, 2, 38-52.

BARAN,İ. YILMAZ, İ., 1984, *Ornitoloji Ders Notları. Ege Üniversitesi Fen Fakültesi Yayınları*, No:87, Ege Üniv. Basımevi, 323 s., İzmir.

BARIŞ, S., 1989, Turkey's Bird Habitats and Ornithological Importance, *Sandgrouse*, II: 42-51.

BARIŞ, S., 2000, Kuşların Otoyolu, *Yeşil Atlas*, 3: 81-83, İstanbul.

BIBBY, C., JONES, M., MARSDEN, 2000, *Keşif Gezisi Arazi Teknikleri*, Kuş Araştırmaları. 116s.

BOYLA, K.A., ARSLAN, M. (editörler), 2008, *İstanbul'un Kuşları: 2000 – 2007*, İstanbul Kuş Gözlem Topluluğu, İstanbul, 978-975-807-201-9.

BOYLA, K.A., ARSLAN, M. (editörler), 2009, *İstanbul'un Kuşları: 2008*, İstanbul Kuş Gözlem Topluluğu, İstanbul, 978-975-807-231-6.

DANFORD, CH.G., 1880, A further contribution to the ornithology of Asio Minor. *Ibid*, IV.81-99.

ERGENE, S., 1945, Türkiye Kuşları. *İst. Üniv. Fen Fak. Monografileri.* (4): 361 s.

EKEN, G., BOZDOĞAN, M., İSFENDİYAROĞLU, S., KILIÇ, D. T., LİSE, Y.(editörler), 2006, *Türkiye'nin Önemli Doğa Alanları*, Doğa Derneği, Ankara, 978-975-98901-3-1.

ERTAN, A., KILIÇ, A., KASPAREK, 1989, *Türkiye'nin Önemli Kuş Alanları*, Doğal Hayatı Koruma Derneği, 156 s., İstanbul.

FURNESS, R.W., GREENWOOD, 1993, *Birds as Monitors of Environmental Change*. Chapman &Hall. London. UK.

GREEN, A.J., 1993, *The ecology and behavior of the White-headed Duck (Oxyura leucocephala) at Burdur Gölü,The Wildfowl and Wetland Trust, Slimbridge*, Gloucester, GL 2,7 BT, UK .53P.

HEINZEL, H., FITTER R., PARSLOW J., 1995, *Türkiye ve Avrupa'nın Kuşları*. DHKD, 384 s. İstanbul 975-94098-2-8

KASPAREK, M. ve BİLGİN, C., 1996, Kuşlar (Aves), (*In*: KENCE, A. ve BİLGİN C.) *Türkiye Omurgalılar Tür Listesi*, TÜBİTAK, Ankara, 26-87.

KAYA, M., YURTSEVER, S., KURTONUR, C., 1996, Trakya Ornitofaunası Üzerine Araştırmalar I. *Turk J. Zool.* 23. Ek Sayı: 3. 781-790.

KAYA, M., KURTONUR C., 2003, Gala Gölü ve Çevresinin (Edirne) Ornitofaunası Üzerine Araştırmalar. *Trakya Üni. J. Sci.,* 4(2) 469-479.

KILIÇ, D. T., EKEN, G., 2004, *Türkiye'nin Önemli Kuş Alanları 2004 Güncellemesi*, Doğa Derneği, Ankara, 975-98901-0-0.

KIRWAN, G., DEMİRCİ. B., WELCH, H., BOYLA, K.A., ÖZEN, M., CASTELL, P., MARLOW, T., 2008, *The Birds of Turkey*. Christopher Helm, London 312s. 978-1-4081-0175-0.

KİZİROĞLU, İ., TURAN, L., ERDOĞAN, A., 1995, Burdur Gölü Havzasının Entegre Koruma ve Kullanım Planlaması Üzerine Bir Araştırma. *Hacettepe Üniv. Eğt. Fak. Derg.* (11): 37-45.

KOCATAŞ, A., 2004, *Ekoloji ve Çevre Biyolojisi*, Ege Üniversitesi Basımevi, İzmir, 975-483-177-7.

KOŞAL, S., 2006, *Büyükçekmece Gölü (İstanbul) Bentik Omurgasızlarının Nitel ve Nicel Dağılımları*, Doktora Tezi, İstanbul Üniversitesi Fen Bilimleri Enstitüsü.

KUMERLOEVE, H., 1971, Büyükçekmece, Su ve Bataklık Kuşları İçin Önemli Bir Kuluçka ve Beslenme Ortamı. *Türk Biol. Derg.* (21): 118-122.

KOSSWIG, C., 1950, Manyas Gölü'ndeki Kuş Cenneti. *Türk. Biol. Derg.* (1): 59-63.

MULLARNEY, K., SVENSSON, L., ZETTERSTROM, D., GRANT, P. J., 1999, *The Most Complete Field Guide to the Birds of Britiain and Europe*, Harper Collins Publishers, London, 0-00-711332-3.

NIVET, C., FRAZIER,S., 2004, A Review of European Wetland Inventory Information. Collaborative Report by Wetlands International and Institute for Inland *Water Management and Waste Water Treatment*. 262 pp.

ÖYMEN, R.T., 2010, Yaban Hayatı Bilgisi, İstanbul Üniversitesi Basım ve Yayınevi Müdürlüğü XI, 391 s. 978-975-404-859-9.

ÖZULUĞ, M., 1999, A Taxonomic Study on the Fish in the Basin of Büyükçekmece Dam Lake. *Tr. J. of Zool.* 23: 439-451.

SEVİM, İ., 2007, *Çanakkale Adaları Kuş Populasyonları ve Habitat İlişkileri Üzerine Gözlemler.* Yüksek Lisans Tezi, Çanakkale Onsekiz Mart Üniversitesi Fen Bilimleri Enstitüsü.

SIKI, M., 2002, Gediz Deltası (İzmir Kuş Cenneti) Kuşları. *Eko. Çev. Derg.*, Cilt 11(44): 11-16.

SUTHERLAND, W. J., (ed), 1996, *Ecological Census Techniques: A Handbook,* Cambridge University Press, Cambridge, 0-521-47815-4.

SVENSSON, L., MULLARNEY, K., ZETTERSTRÖM, D., 2009, *Bird Guide: The Most Complete Guide to The Birds of Britain and Europe*. (2nd ed.). Collins yayınları, London. 448 s.

TABUR, M.A., AYVAZ, Y., 1997, Burdur Gölü Su Kuşlarının Biyoekolojisi. *Erciyes Üniv. Fen Bil. Enst. Derg.* Cilt 132, (1-2): 126-145.

TEKİN, H., 2010, *Büyükçekmece Gölü Havzasında Arazi Kullanımı ve Sorunları*, Yüksek Lisans Tezi, İstanbul Üniversitesi Fen Bilimleri Enstitüsü.

TURAN, L., 1990, *Türkiye'nin Av ve Yaban Hayvanları/Kuşlar*, Orman Genel Müdürlüğü, Eğitim Dairesi Başkanlığı Yayın ve Tanıtma Şube Müdürlüğü Matbaası, 274 s. Ankara.

TURAN L., ERDOĞAN A., KİZİROĞLU İ., 1995, Sultan Sazlığının Yönetim Planı Alanın Ornitolojik Açıdan Son Durumu, *Hacettepe Üniv. Eğt. Fak. Derg.* (11): 49-56.

YAMAN, E., 2008, *Kocaçay Deltası Ornitofaunasının Tespiti ve Alanı Etkileyen Çevresel Faktörler*, Ege Üniversitesi, Fen Bilimleri Enstitüsü, Doktora Tezi, 175 s.

YARAR, M., 1991, Burdur Gölü'nün Dikkuyruk *(Oxyura leucocephala)* İçin Önemi. *Uluslararası Burdur Gölü ve Dikkuyruk Semp.*, Burdur. 8-9.

YARAR, M., MAGNİN, C., 1997, *Türkiye'nin Önemli Kuş Alanları*, DHKD, Ankara.

More
Books!
yes

FSC
www.fsc.org
MIX
Papier | Fördert
gute Waldnutzung
FSC® C083411

Kolibri 360 GmbH
Ferdinand-Jühlke-Straße 7
99095 Erfurt, Deutschland
produktsicherheit@kolibri360.de

Druck:
CPI Druckdienstleistungen GmbH
im Auftrag der
Kolibri 360 GmbH
Ferdinand-Jühlke-Str. 7
99095 Erfurt